KÜCHENGARTEN
– ANBAU, ERNTE, REZEPTE –

SANNA TÖRINGE
FOTOS VON LINA KARNA KIPPEL

KÜCHENGARTEN

– ANBAU, ERNTE, REZEPTE –

Stiftung
Warentest

Inhalt

Eine etwas andere Art von Genuss

Was ist Genuss? Für manche ist es der fangfrische Hummer in einem Restaurant am Hafen, für andere Champagner im Bett. Für die einen ist es frischer Trüffel auf Pasta, andere schwören auf kubanische Zigarren …

Mein größter Genuss ist es, mit den Händen in der Erde nach den ersten neuen Kartoffeln zu graben, für das Frühstück Erdbeeren aus dem Garten zu pflücken oder grüne Bohnen zu ernten, so fein und zart, wie ich sie nicht einmal in einem Sternerestaurant bekomme. Meinen Küchengarten ziehe ich Hummer, Champagner und Zigarren allemal vor!

So ein Gemüsegarten kann viele Gesichter haben: ein Garten wie aus dem Bilderbuch, in dem es alles gibt, von Spargel über Erdbeeren bis Spitzkohl … aber auch eine Pflanzkiste voll knackiger Salatköpfe, ein Eimer mit Kartoffeln auf dem Balkon oder einfach nur ein paar Töpfe mit Schnittlauch, Thymian und üppigem Basilikum auf dem Fensterbrett in der Küche.

Ein Küchengarten birgt Enttäuschungen, steckt aber gleichzeitig voller Verheißungen. Da gibt es Samentütchen, deren Inhalt nie in die Erde kommt, der Koriander blüht zu früh, Unkraut versamt sich, die Radieschen sind verkrüppelt und die Kohlpflanzen werden von hungrigen Schmetterlingsraupen vertilgt. Viele Fehler lassen sich aber vermeiden. Ein alter Gärtner hat mir einmal seine Anbaugeheimnisse verraten: Wussten Sie beispielsweise, dass die Erde um den Dill nach einem Sommerregen aufgelockert werden muss, dass Tomaten nicht zu sehr verhätschelt werden sollten und dass Salat keine Köpfe bildet, wenn er zu tief gepflanzt wurde?

Ein Küchengarten kann sogar ein ästhetischer Genuss sein, wenn Borretsch, Mohn und Kapuzinerkresse Farbtupfer zwischen Kohl und Zwiebeln setzen. Aber das Allerwichtigste ist natürlich, dass er als reichhaltige, gut gefüllte Speisekammer dient. Zucchini, Bohnen und Mangold liefern Gemüse für viele Mahlzeiten und ungewöhnliche Gemüse wie Fenchel oder Kräuter wie Koriander inspirieren zu neuen Gerichten.

In diesem Buch habe ich für Sie meine Anbautipps aufgeschrieben und dazu einige meiner besten Gemüserezepte versammelt.

Ein ganz besonderer Dank gilt dem Gärtner, der mich all dies gelehrt hat: Kjell Åberg.

Sanna

ENDLICH RAUS IN DEN GARTEN!

„Frühling schwellet die Erd', und zeugende Samen verlangt sie." Was der römische Dichter Vergil vor über 2000 Jahren schrieb, hat nichts von seiner Gültigkeit verloren. An den ersten warmen Frühlingstagen treibt es mich hinaus in den Garten, voller Vorfreude auf die neue Gartensaison.

Boden

Lernen Sie Ihren Boden kennen! Erkunden Sie ihn mit Ihren Händen. Wie fühlt er sich an? Ist er leicht und sandig und rieselt zwischen den Fingern hindurch? Dann braucht er Humus, der Feuchtigkeit bindet und Nährstoffe festhält. Geben Sie Kompost auf die Beete! Man kann den Boden auch verbessern, indem man preisgünstige Pflanzerde – in Säcken aus dem Gartenmarkt – einarbeitet. Ist der Boden dagegen fest und hart? Dann enthält er viel Ton. Dieser speichert viel Feuchtigkeit, was durchaus positiv ist; aber dafür sind Tonböden schwer zu bearbeiten und nur bedingt zum Gemüseanbau geeignet. Gemüsekeimlinge kämpfen nicht gern, um durch harte Bodenschichten zu dringen, außerdem enthalten Tonböden weniger Luft und damit Sauerstoff für die Wurzeln. Verbessern Sie schwere Böden mit Sand und Humus in Form von Kompost – das sollte normalerweise ausreichen.

Düngung

Das Wichtigste, das mir mein Garten-Ziehvater beigebracht hat? Dass der Boden genug Nährstoffe enthalten muss. Da ich auf dem Land wohne, verwende ich gut verrotteten Mist vom Bauern, aber Rinderdung oder Schafwolldünger – beides gibt es in Säcken zu kaufen – ist in der Handhabung einfacher, da er leichter zu dosieren und zu verteilen ist.

In vielen älteren Büchern steht, man solle im Herbst düngen. Dann werden viele Nährstoffe

Dillsamen werden ab Anfang April ausgesät, dann gibt es im Sommer aromatische Dillspitzen zu den Kartoffeln.

jedoch ausgewaschen und belasten das Grundwasser. Es ist immer besser, häufig und in geringen Dosen zu düngen, als selten und viel. Düngen Sie im Frühling, am besten ein paar Tage vor der Aussaat. Wenn die Erde vorbereitet ist, reicht es meist, etwas pelletierten Hühnerdung unterzumischen.

Saatgut

Ob Karotten, Radieschen oder Salat – es gibt zahlreiche Sorten von jeder Art. Wählen Sie diese sorgfältig aus. Wenn Sie sich mit Ihren Nachbarn oder Freunden zusammentun, können Sie Samen teilen und mehrere Sorten ausprobieren. Von vielen Gemüsen und Kräutern kann man auch selbst Samen sammeln. Versuchen Sie es mit Dill, Bohnen und Tomaten! Bewahren Sie Ihre Samen kühl und trocken auf.

Viele sind dann jahrelang haltbar, zum Beispiel Melonen-, Gurken- und Tomatensamen. Andere, etwa Salat- und Kohlsamen, verlieren schnell ihre Keimfähigkeit. Um Keimfähigkeit und Wuchskraft zu testen, kann man auf der Fensterbank probehalber einige Samen in einen mit Erde gefüllten Blumentopf säen.

Anbauplan

Vor der Aussaat ist ein bisschen Planung gefragt. Wie viele Salatköpfe verbrauche ich im Juli? Esse ich wirklich vier laufende Meter Rote Bete? Ein guter Anbauplan ist das A und O bei der Anlage und Bewirtschaftung eines Küchengartens. Schließlich möchte man über einen möglichst langen Zeitraum genau die richtige Menge an Gemüse ernten. Säen Sie dabei immer wieder etwas Rucola in die Lücken, pflanzen Sie den Salat nicht auf einmal, sondern in Sätzen, und schaffen Sie vor der Herbsternte Platz für neue Aussaaten. So lässt sich die Anbausaison bis in den September mit Salat, Spinat, Radieschen und Dill verlängern. Im Spätherbst und Winter sorgen dann Zichorien- und Asia-Salate, Lauch, Petersilie und natürlich Grün- und Rosenkohl für frisches Gemüse und Abwechslung auf Ihrem Teller.

Fruchtfolge

Pflanzen wachsen besser, wenn sie nicht jedes Jahr im selben Beet angebaut werden. Manche, wie Erbsen und Bohnen, nehmen Stickstoff aus der Luft auf, der dann über die Wurzeln in die Erde gelangt und auch nach der Ernte im Boden verbleibt. Es bietet sich an, im Folgejahr an dieser Stelle Pflanzen auszusäen, die viel Stickstoff brauchen. Bedenken Sie bei Ihrer Planung: Gleich und gleich gesellt sich gern. Manche Arten brauchen während der Wachstumsphase Dünger, andere gedeihen besser in Kompost oder Erde, die im Herbst des Vorjahres gedüngt wurde. Einige Pflanzen, wie zum Beispiel Kartoffeln, Gurken und Kohl, sollten jedes Jahr das Beet wechseln, damit sich keine Krankheitserreger im Boden anreichern können. Kartoffeln können von mikroskopisch kleinen Fadenwürmern, sogenannten Nematoden, befallen werden, die zwar immer im Boden vorhanden sind, sich aber bei einseitiger Bewirtschaftung stark vermehren. Kohlpflanzen – auch Radieschen und Chinakohl – bekommen Kohlhernie, eine Wurzelkrankheit, wenn sie nie den Standort wechseln. Zu Kohlpflanzen gehören auch Radieschen und Chinakohl.

Am besten fertigt man zur Erinnerung kleine Skizzen an.

Aussaat

Die Angaben auf den Samentütchen dienen als Richtlinie für den besten Pflanzzeitpunkt und -abstand. Man muss die Angaben nicht

Unser Küchengarten ist nicht besonders groß, aber alles Wichtige findet darin Platz. Salat, Zwiebeln, Kartoffeln und Basilikum und vielleicht noch Spitzkohl sind für mich unverzichtbar. Artischocken, Kürbis und Spargel wachsen an anderen Stellen im Garten. In der Mitte führt ein schmaler Weg zu den Frühbeeten. Er wird von Walderdbeeren gesäumt und im Frühling blühen dort Tulpen in leuchtenden Farben. Um das Beet wächst eine Ligusterhecke, die die Gemüsepflanzen vor kalten Winden schützt. Jeden Frühling stechen wir die Ligusterwurzeln, die nach innen wachsen, ab, sonst entzieht die Hecke den Gemüsebeeten zu viele Nährstoffe.

Wenn man viel Platz hat, wird Gemüse in langen, geraden Reihen mit reichlich Raum zwischen den Pflanzen angebaut. Das erleichtert das Jäten. Dieser Pflücksalat wurde früh ausgesät, um ihn schon im Frühsommer ernten und genießen zu können.

sklavisch befolgen, sondern kann durch Experimentieren eigene Erfahrungen sammeln. Ist die Erde leicht und durchlässig, trocknet sie im Frühling schneller und es kann eher gesät werden. Je nach Region und Höhenlage kommt der Frühling früher oder später, daher sind exakte Monatsangaben wenig sinnvoll. Bestimmte Gemüse wie Bohnen reagieren sehr empfindlich auf Kälte und keimen dann nicht oder schlecht. Einige zweijährige Pflanzen meinen, sie hätten bereits einen Winter erlebt, wenn sie zu früh gesät oder ausgepflanzt werden. Dann haben sie den Drang, sich zu ver-

mehren, und blühen zu früh – wie etwa Mangold, Petersilie, Fenchel oder Lauch.

Der Boden sollte locker und einladend für die Samen sein. Wenn die Zeit für die Aussaat gekommen ist, wird die oberste Erdschicht feinkrümelig gehackt und flach geharkt. Ist die Erde zu grobkörnig, kann es passieren, dass die Samen in Lufttaschen austrocknen.

Der erfahrene Gärtner empfiehlt, nicht zu dicht zu säen. Oft werden Angaben zur Keimfähigkeit auf den Samentütchen gemacht. Von frischen Karottensamen keimen meist nur 70 Prozent, das sind ungefähr zwei von drei Samen. Säen Sie dennoch nicht zu dicht, das erleichtert später das Vereinzeln, also das Auszupfen überzähliger Keimlinge. Älteres Saatgut mit geringerer Keimfähigkeit sät man dichter. Meist tendiert man dazu, dichtere Saatreihen anzulegen als auf dem Samentütchen empfohlen. Mein Tipp: Bedenken Sie, wie groß die Pflanze wird, das ist ein guter Anhaltspunkt für den Saatabstand.

Es gibt unterschiedliche Meinungen darüber, ob man vor oder nach dem Säen gießen soll. Ich finde es am einfachsten, nach der Aussaat anzugießen oder auf einen sanften Frühlingsregen zu hoffen.

Vorkultur

Manche Pflanzen müssen im Haus gesät werden, um ausreichend Zeit zur Entwicklung zu haben. Man sät die Samen entweder direkt in kleine Töpfe oder in Schalen. Füllen Sie die Schalen mit Aussaaterde, drücken Sie diese leicht an. Nach der Aussaat werden die Samen mit Erde bedeckt (wie hoch, steht auf der

Fassen Sie die Pflanzen vorsichtig an, vor allem die zarten Wurzeln sind empfindlich. Hier werden Erbsen und Ackerbohnen gepflanzt. Beide Gemüse können auch direkt ausgesät werden.

Samentüte), dann wird mit lauwarmem Wasser aus einer Ballbrause angegossen. Normale Blumenerde eignet sich nicht so gut wie Aussaaterde, da sie zu viele Nährstoffe enthält, die den zarten Keimlingen schaden könnten.

Bedecken Sie die Schale mit durchsichtiger Folie und kontrollieren Sie sie häufig – manche Keimlinge zeigen sich schon nach 48 Stunden. Die Folie wird entfernt, sobald die Keimlinge erscheinen. Nach einiger Zeit werden die Jungpflanzen pikiert, das heißt separat in eigene kleine Töpfe gesetzt, um sich dort besser entwickeln zu können. Denken Sie daran, dass die Wurzeln besonders empfindlich sind. Wenn die Wurzelfäden beschädigt werden, dauert es länger, bis sich die Pflanze nach dem Umtopfen erholt hat. Arbeiten Sie also behutsam!

Wer Gemüsepflanzen auf der Fensterbank vorziehen will, muss sich bewusst sein, dass das nicht immer klappt. Man darf nicht zu früh säen, sonst werden die Pflanzen zu lang und dünn, bevor man sie auspflanzen kann. Damit die Pflänzchen gerade wachsen, werden die Saatkisten und Töpfe immer wieder gedreht. Noch besser als die Fensterbank ist ein kühler, heller Wintergarten oder ein Raum mit spezieller Pflanzenbeleuchtung. Bei der Aussaat im Haus gilt: Die meisten Pflanzen mögen es hell, aber nicht zu warm.

Bevor man die vorkultivierten Pflanzen in den Küchengarten auspflanzt, müssen sie behutsam abgehärtet werden, damit sie mit den kühlen Außentemperaturen, der direkten Sonneneinstrahlung sowie mit Wind und Wetter zurechtkommen. Stellen Sie die Pflanzen am ersten Tag ein paar Stunden nach draußen und dehnen Sie diese Zeiträume im Laufe einiger Tage bis zu einer Woche nach und nach aus.

Wir legen unseren Kompost in Schichten an. Die unterste Lage besteht aus groben Zweigen und Ästen, damit Luft eindringen kann, der Rest aus den üblichen Küchen- und Gartenabfällen.

Kompost

Mein Kompost ist eine Mischung aus Unkraut, Eierschalen, Kaffeesatz und etwas Mist zwischen den Schichten. Fast wie durch Zauberei verwandelt sich das Gemisch in wunderbaren Humus, von dem ich im zeitigen Frühjahr eine große Schubkarrenladung auf dem Beet verteile und in die vorhandene Erde einarbeite. Später streue ich ihn eimerweise an hungrige Pflanzen. So bekommen zum Beispiel meine Bohnen eine Mulchschicht aus Kompost, die die Erde vor dem Austrocknen schützt und den Pflanzen mehr Stabilität gibt.

Kompost kann auf sehr unterschiedliche Weise hergestellt werden. Am einfachsten ist es, die Gartenabfälle zu einem Haufen auf dem Boden aufzutürmen, wo sie langsam verrotten. So sah der Komposthaufen in der Gärtnerei meines Großvaters aus. Wer viel Platz hat, kann auch schöne längliche Komposthaufen anlegen, die dann wie kleine Hügel aussehen.

Man kann den Kompost im Herbst umsetzen, also von oben nach unten und umgekehrt umschichten, oder aber man deckt den Komposthaufen im Herbst nur mit Laub und Gras ab und lässt ihn überwintern. Mischen Sie den fertigen Kompost im nächsten Frühling unter die Erde oder verwenden Sie ihn als Grundlage für ein Hochbeet.

Mein selbstgebauter Kompost hat zwei Schichten: Die untere besteht aus groben Zweigen und Reisig für eine optimale Luftzufuhr, erst dann schichte ich die normalen Gartenabfälle darauf. Im Frühling, wenn eine Kompostmiete voll ist, fülle ich das Material in eine zweite um, deren fertiger Kompost gerade im Garten verteilt wurde. So mache ich es in jedem Jahr. Leider fühlen sich in der oberen Kompostschicht Schnecken wohl, daher gehe ich in regnerischen, schneckenreichen Sommern regelmäßig auf Schneckenjagd. Eine Alternative sind geschlossene Behälter mit Kompostwürmern. Es gibt auch Kompostierer, die isoliert sind und in denen sich der Rottevorgang durch die stärkere Erwärmung schneller vollzieht.

Der Kompost sollte sich am besten im Schatten oder zumindest Halbschatten befinden. Auch im Schatten sollte man den Kompost in sehr trockenen Sommern ab und zu wässern. Eine gute Methode, ihm nicht nur Wasser, sondern auch noch etwas Stickstoff zuzuführen, ist, dem Gießwasser etwas Urin beizufügen und alles auf den Kompost zu gießen. Wenn man viel Platz hat, vereinfacht die Anlage von drei Kompostmieten die Arbeit. Dann kann man fertigen Kompost auch lagern, bis man ihn braucht.

Der Rottevorgang geht schneller, wenn Sie die Küchenabfälle mit Pflanzenteilen aus dem Garten, etwas Gartenerde und etwas Kompost vom Vorjahr vermischen. Auch Zusätze wie Holzasche (nicht von Briketts) und Algenkalk sind gut. Mist und Seetang ebenfalls. Am besten hält man den Kompost immer mit Gras oder Laub bedeckt – im Sommer, damit er seine Feuchtigkeit bewahrt, und im Winter, damit er nicht so schnell durchfriert.

Gießen

In einem normalen Sommer muss man seinen Küchengarten gießen, sonst gibt es keine gute Ernte. Lehmige Böden halten mehr Feuchtigkeit, sie brauchen weniger zusätzliche Wassergaben. Ich habe einen sehr leichten, sandigen Boden, den ich im Sommer genau im Auge behalten muss, da er schnell austrocknet.

Gießen Sie am besten frühmorgens. Abends sollten sie nur dann wässern, wenn sie keine Schneckenprobleme haben. Um Wasser zu sparen, sollte man gezielt mit der Kanne oder einem Schlauch und nicht mit dem Rasensprenger gießen. Es ist besser, selten und reichlich, als oft und wenig zu gießen, weil die Wurzeln dann in tiefe Bodenschichten wachsen.

Nicht alle Pflanzen reagieren gleich auf Wassermangel. Radieschen werden ohne Wasser scharf, Salat welkt und fault. Himbeeren und Walderdbeeren brauchen viel Wasser, während Karotten und Zwiebeln mit Trockenheit relativ gut zurechtkommen.

Hungrige Pflanzen

Viele Pflanzen brauchen während des Wachstums zusätzliche Nährstoffgaben, manche sogar mehrmals. Am besten gießt man sie mit einer flüssigen Nährstofflösung. Dazu kann man etwas Hühnerdung in Wasser auflösen, aber man muss sehr vorsichtig sein, damit die Düngerlösung nicht zu konzentriert ist. Eine kleine Handvoll Düngergranulat reicht für zehn Liter Wasser völlig aus.

Brennnesseljauche eignet sich ausgezeichnet zum Düngen. Füllen Sie dazu einen Eimer mit kleingeschnittenen Brennnesseln und bedecken Sie diese mit Wasser. Täglich umrühren und nach etwa 14 Tagen ist die Brühe vergoren und kann, 1 : 10 mit Wasser verdünnt, als flüssiger Stickstoffdünger verwendet werden. Brennnesseljauche ist außerdem reich an Mineralien wie Kalium, Kalzium, Eisen, Phosphor und Silizium. Eine andere gute Methode, für mich eigentlich die einfachste und beste, ist, dem Wasser etwas Urin beizufügen und damit die Pflanzen zu gießen. Natürlich wird dann ausschließlich von unten gegossen und nicht auf Blattgemüse, das man bald essen möchte!

Unterschiedliche Pflanzen haben unterschiedliche Bedürfnisse, was den Nährstoffbedarf angeht. Gurken und Tomaten sollten während der Wachstumssaison nur ein paarmal mit Düngerwasser gegossen werden, während stark zehrende Pflanzen wie Kohl in der Hauptwachstumsphase alle zwei Wochen zusätzlichen Stickstoff benötigen. Die meisten Küchengartenpflanzen kommen jedoch ganz ohne zusätzliche Düngung aus.

Schnecken

Die Spanische Wegschnecke ist der Albtraum vieler Gärtner. Es gibt unterschiedliche Methoden, sie zu bekämpfen: Man kann Schneckenkorn auf Eisen-III-Sulfat-Basis streuen. Gegen die kleinen Ackerschnecken hilft Gießwasser, das mit speziellen Nematoden (Fadenwürmer) versetzt wird, oder man fasst die Beete mit einem Schneckenzaun aus Metall ein. Das Wichtigste ist jedoch, ständig auf der Hut zu sein. Am besten geht man in der Abenddämmerung oder früh am feuchten Morgen in den Garten und sammelt so viele Schnecken wie möglich.

Salat braucht viel Wasser. Gießen Sie ihn am besten morgens. Es macht einfach Spaß, sich täglich um seine Pflanzen zu kümmern.

VERSCHIEDENE KÜCHENGÄRTEN

An einem Abend im Februar oder März, wenn es draußen noch kalt ist, nehme ich Papier und Bleistift zur Hand, um meine Küchengartensaison zu planen. Ich habe immer viele Wünsche: ein Spargelbeet, ein Gewächshaus oder wenigstens ein Frühbeet. Vielleicht eine kleine Allee aus Stachelbeer-Hochstämmchen und acht schwarz lackierte Pflanzkisten mit Kieswegen dazwischen, und dann natürlich noch eine Hecke, die das Ganze umgibt! An diesen Abenden ist alles möglich, zumindest in der Fantasie.

Frühbeete

Ein Frühbeet verlängert die Anbausaison, die dann von Frühling bis Herbst andauert. So ein Beet ist einfach zu bauen: Entweder kauft man fertige Aufsatzrahmen oder baut sich die Rahmen selbst zusammen und verwendet ein altes Fenster als Abdeckung. Ein einfacher, mit Folie bespannter Holzrahmen erfüllt denselben Zweck. Der Frühbeetkasten sollte 50 Zentimeter tief sein und an einen warmen, sonnigen Ort gestellt werden. Da sich die eingefüllte Erde noch etwas setzt, ist es sinnvoll, das Frühbeet etwa eine Woche ruhen zu lassen, bevor man sät. Zwischen Erde und der Glasabdeckung sollte der Abstand mindestens 15 bis 20 Zentimeter betragen, damit die Pflanzen genug Platz haben. Die Größe des Frühbeets hängt natürlich auch davon ab, welche und wie viele Pflanzen man darin ziehen möchte.

Ein Frühbeet ist ein großer Gewinn für jeden Küchengarten, verlangt aber dauernde Beobachtung und Pflege, vor allem im Frühjahr und Sommer. Bei Sonneneinstrahlung heizt es sich schnell auf und muss gelüftet werden. Ich säe

im Frühbeet meistens Radieschen, Pflücksalat, Dill und Spinat, um möglichst frühzeitig ernten

Dieses Frühbeet hat einen mit Folie bespannten Rahmen – nicht unbedingt elegant, aber praktisch. LINKE SEITE: Ein provisorisches, schnell errichtetes Frühbeet aus Strohballen, perfekt für empfindliche Melonen. Als Abdeckung dienen alte Fenster.

Beetrahmen aus geflochtener Weide oder Holzbrettern sind praktisch und attraktiv.

zu können. Mitte Juni ist es Zeit für die nächste Runde. Dann setze ich Basilikum- und Gurkenpflanzen. Sogar Melonen kann man gut im Frühbeet ziehen! Anfangs ist die Glasabdeckung als Schutz notwendig, im Verlauf des Sommers nimmt man sie ab oder lässt den Deckel halboffen stehen.

Hochbeete

Die anfänglichen Investitionen in den Bau und die Befüllung lohnen sich schon nach kurzer Zeit. Und: Man erspart sich das Umgraben!

Hochbeete werden mit Kompost, Erde und Pflanzenabfällen gefüllt. Als unterste Schicht kommen Äste, Zweige und Gehölzschnitt ins Beet, darüber halbverrotteter Rohkompost, feiner Kompost und als Deckschicht eine Mischung aus Gartenerde und Kompost. Das Beet sollte nicht breiter als 1,20 Meter sein, damit man von beiden Seiten gut an die Pflanzen kommt. Die Erde im Hochbeet wird nicht betreten, dadurch bleibt sie weich und locker und lässt sich leicht bearbeiten. Der Bereich um die Beete sollte befestigt sein, damit man sie gut erreichen kann. Normale Bretter sind dazu vollkommen ausreichend. Eine weitere Hochbeetvariante: Beeteinfassungen aus Brettern oder Weidengeflecht, die nicht nur praktisch sind, sondern auch noch sehr schön aussehen.

Gewächshäuser

Ein Gewächshaus oder Treibhaus, egal ob groß oder klein, ermöglicht beim Gemüseanbau ganz neue Möglichkeiten. Im Frühling kann man im Gewächshaus schon sehr früh aussäen und ernten, danach folgt das Sommergemüse.

Geeignete Pflanzen für das Frühjahr sind Spinat, Salat, Radieschen, Rucola, Frühlingszwiebeln und Dill. Sowohl Kohl als auch Salat keimen auch bei niedriger Temperatur. Alternativ kann man auch gekaufte oder selbstgesäte, vorgezogene Jungpflanzen setzen.

Es ist ein Mythos, dass man im Gewächshaus jedes Jahr die Erde komplett austauschen muss. Gurken und Melonen dürfen zwar nicht immer auf denselben Beeten wachsen, sondern sollten jedes Jahr einen neuen Platz bekommen. Alternativ tauscht man den Boden nur an diesen Stellen aus. Tomaten ziehe ich jedes Jahr auf denselben Beeten, allerdings gebe ich immer frischen Dünger in die Erde.

Beim Anbau im Gewächshaus ist das Lüften genauso wichtig wie das Gießen. Ein automatischer Fensterheber ist eine feine Sache, an sonnigen Tagen muss aber gleichzeitig die Tür geöffnet sein, sonst kommt es zu einem Hitzestau.

Rahmenbeete

Aufsatzrahmen, also einfache Holzrahmen, kann man bei Anbietern von Paletten kaufen. Sie eignen sich hervorragend als Pflanzkisten oder Beeteinfassungen. Die Rahmen kann man überall aufstellen, Hauptsache der Standort ist sonnig. Stellt man sie auf eine Rasenfläche oder an eine Stelle, wo es vorher viel Unkraut gab, ist es ratsam, unter dem Rahmen ein Unkrautschutzvlies auszulegen, damit keine Wurzelunkräuter wie Quecke ins Beet wachsen können. Will man tiefwurzelnde Gemüse wie Möhren oder Mangold anbauen, sollte man mehrere, also zwei oder drei Rahmen übereinander aufstellen, damit die Wurzeln genug Platz haben.

Kapuzinerkresse, Kohl und Mangold sind wahre Schönheiten im Gemüsebeet. Pracht mit Dillblüten, Sonnenblumen und Ringelblumen in den Mandelmann-Gärten in Rörum/Schweden. Ein Mini-Gemüsegarten in einem halben Holzfass. Hier wachsen gelbe Veilchen, roter Grünkohl, Palmkohl, Mais, Salbei, Heiligenkraut, Gold-Oregano und Zitronen-Thymian.

Die Rahmen werden dann mit Pflanzerde befüllt, pro Beet braucht man circa drei 70-Liter-Säcke. Achten Sie darauf, hochwertige Pflanzerde zu kaufen. Nach dem Befüllen wird die Erde angedrückt, anschließend gut gewässert, damit sie sich setzen kann, und kann dann besät oder bepflanzt werden. Da die Pflanzerde gedüngt ist, kann (und sollte!) man in den ersten Wochen auf eine Düngung verzichten. Die meisten Erden enthalten einen Nährstoffvorrat für sechs bis zehn Wochen. Wenn Sie handwerklich begabt sind, können Sie die Rahmen aus Bauholz auch selbst zimmern. Hartholz wie Eiche oder Lärche ist witterungsbeständig und hält mehrere Jahre, achten Sie darauf, dass das Material nicht mit giftigen Holzschutzmitteln behandelt ist. Die Kiste kann so flach sein wie ein Aufsatzrahmen oder höher, sodass man sich beim Jäten nicht bücken muss.

Düngen Sie jedes Jahr im Frühling, entweder indem Sie einen Teil der Erde durch Kompost ersetzen oder indem Sie verrotteten Mist oder pelletierten Hühnerdung untermischen.

Zur Verschönerung können die Holzrahmen mit bunter Farbe oder Holzlasur gestrichen werden, auch Wege und eine Einfassung der Beete, beispielsweise mit einer niedrigen Ligusterhecke, einem Bretterzaun oder einer Mauer, sind möglich. Das sieht schön aus und bietet Windschutz für empfindliche Pflanzen.

Mund auf, Augen zu ... Walderdbeeren sind ein herrliches Naschobst für Kinder und sorgen für Überraschung, Genuss und Freude im Garten.

Potager

Manche Gemüse müssen sich nicht verstecken, was ihren Zierwert angeht. Die Blüten von Artischocken und Fenchel oder die roten Adern auf Mangoldblättern ergeben ein schönes Bild in einem dekorativen Küchengarten, bei dem die optische Wirkung genauso wichtig ist wie der Nutzen. Solche Nutzgärten werden, in Anlehnung an ihre französischen Vorbilder, Potager genannt. Es macht einfach Spaß, einen eigenen Potager mit geraden Wegen, eingerahmten Beeten und einer bunten Mischung aus Blumen und Gemüse anzulegen.

Tagetes, Zinnien und Kapuzinerkresse passen gut zu Palmkohl und krauser Petersilie.

Lassen Sie Ihrer Fantasie freien Lauf: Pflanzen Sie cremefarbene Petunien, blühenden Lauch, blauen Ysop, Griechisches Basilikum, Ringelblumen, Gurkenkraut und Mohn! Stangensellerie wächst aufrecht und stattlich, Spargelbüschel sorgen für Volumen im Beet, die hohen Stangen mit Bohnenranken setzen vertikale Akzente und Kürbispflanzen lockern die formale Gestaltung auf. Verwenden Sie lange Winterabende darauf, ihren eigenen Potager zu planen. Die Kombination aus geraden Linien und lockerem Wildwuchs in den Beeten wird in Ihrem Gemüsegarten für eine wunderbare Wirkung sorgen.

Unkraut

Unkrautjäten – das ist für mich durchaus eine kontemplative Beschäftigung. Man kann seine Gedanken fließen lassen. Doch aufgepasst: Die zu jätende Fläche darf nicht zu groß sein, sonst verliert man schnell den Mut. Auch deshalb ist eine Unterteilung des Küchengartens in mehrere Bereiche empfehlenswert. Man kann sich dazu pflegeleichter Hochbeete bedienen oder niedrige Einfassungen mit „Hecken" aus Schnittlauch, Petersilie oder Erdbeeren errichten. Auch Aufsatzrahmen, Bretter oder einfach Trampelpfade zwischen den Beeten helfen, den Nutzgarten zu unterteilen

Damit nicht die falschen Pflanzen gejätet werden, ist es nicht verkehrt, die Unkräuter im eigenen Garten zu kennen. Da gibt es beispielsweise einjährige und mehrjährige. Einjährige Unkräuter wie Vogelmiere oder Gänsefuß werden einfach gehackt, mehrjährige wie Brennnesseln und Löwenzahn müssen so sorgfältig wie möglich mitsamt den Wurzeln ausgegraben werden. Am wichtigsten ist es aber immer, zwischen Unkraut und Küchengartenpflanzen unterscheiden zu können, damit man weiß, was bleiben darf und was wegkann. Ein Pflanzenbestimmungsbuch, in dem verschiedene Unkrautarten aufgelistet werden, ist dabei eine unentbehrliche Hilfe. Die Bekämpfung einjähriger Unkräuter ist am einfachsten, wenn sie schon in sehr jungem Stadium – bevor sie geblüht und Samen angesetzt haben –

Menschen, die Unkraut jäten, strahlen Ruhe aus. Beim Hacken legt sich der Alltagsstress und man wird ruhiger. Die Bäume rauschen, die Vögel zwitschern und die Kartoffeln wachsen.

gehackt werden. Anfänger sollten daher immer den Reihenabstand etwas größer anlegen, um die eigentlichen Gemüse nicht mit der Hacke zu beschädigen. Vor allem Rote Bete und andere Wurzelgemüse sind empfindlich. Es reicht, oberflächlich zu hacken. Am besten ein paarmal, während das Unkraut noch klein ist, dann hat man später eine Weile Ruhe. Jäten Sie bei trockenem Wetter, dann verdorren die herausgerissenen Pflänzchen rasch und sterben ab.

Gänsefuß, Giersch und Nesseln

Man kann unerwünschte Gewächse auch einfach aufessen. Gänsefuß schmeckt besonders aromatisch. Das einjährige Kraut schmeckt mild und lässt sich einfach ausreißen. Gänsefuß ist reich an Eisen, Kalzium sowie an Vitamin A und C. Pflücken Sie ihn, wenn er jung ist und bevor er blüht. Man kann Gänsefuß im Wok zubereiten, dämpfen, als Suppeneinlage oder wie Spinat oder Mangold in Quiches verwenden. Es gibt auch Saatgut einer hübschen rotblättrigen Sorte im Handel, der sich zwar schnell ausbreitet, aber im Gemüsebeet eine echte Zierde ist.

Wer Giersch im Garten hat, muss versuchen, ihn zu akzeptieren. Es ist beinahe unmöglich, ihn gänzlich loszuwerden. Er hat dunkelgrüne Blätter, hübsche weiße Blüten und ist eigentlich ein guter Bodendecker. Und er ist essbar! Giersch wird schon seit der Bronzezeit als Nahrungsmittel verwendet. Ernten Sie die jungen Blätter im Frühling, wenn sie noch zart sind, und verwenden Sie sie für Suppen oder Quiches.

Zarter Giersch für Quiche, Nesseln für leckere Suppen und ganz unten: in Butter gebratener, mild schmeckender Gänsefuß.

ANBAU IN DER STADT

Ist es nicht toll, einfach auf den Balkon zu gehen, um Schnittlauch für den Sommersalat zu schneiden oder Johannisbeeren für einen Kuchen von den Sträuchern beim Spielplatz zu pflücken? Oder Sie fahren in den Stadtteilgarten, um Tomaten zu gießen oder ein paar Basilikumblätter von der Pflanze im Küchenfenster zu pflücken ... Gemüse kann jeder anbauen. Überall. Sogar in der Stadt.

Wir leben in einer Zeit, in der vieles in Bewegung gerät, das fest gegründet schien. Auch viele Stadtplaner beginnen umzudenken: In neuen Wohngebieten ersetzen Beerensträucher das stachelige Ziergesträuch, zwischen Wohnblöcken finden Schrebergärten und Gemüsebeete Platz. Der Asphalt in den Innenhöfen wird aufgebrochen, um Pflanzkisten aufzustellen. Sonnenblumen, Kapuzinerkresse, Bohnen und Dill verschönern unsere Städte – in mehr als einer Hinsicht. Es ist erwiesen, dass Pflanzen und gemeinsames Gärtnern das friedliche Miteinander unter Nachbarn fördern.

Auch auf der Fensterbank lässt sich gärtnern, hier Salat, Basilikum und Tagetes.

Gemeinschaftsgärten

In vielen Städten entstehen Gärten, die gemeinsam bewirtschaftet werden – entweder in Gemeinschaftsprojekten oder getrennt auf Einzelparzellen. Wie in jedem Gemüsegarten darf auch hier die Planung nicht fehlen. Manche Gemüse, wie etwa Kohl, brauchen viel Pflege und können auf dem Markt auch günstig gekauft werden. Andere, wie Zuckerschoten, sind im Laden teuer, aber leicht anzubauen. Und Petersilie sowie Rucola wachsen so reichlich, dass die Ernte für viele Gärtner reicht.

Gesundheitsrisiko Stadtgemüse?

Viele Menschen glauben, es sei gesundheitsgefährdend, Gemüse von Anbauflächen in der Stadt zu essen. Abgase und verunreinigte Böden bergen natürlich Risiken, aber diese sind oft übertrieben. So haben Messungen in Schweden ergeben, dass es ungefährlich ist, Salat aus der Stockholmer Innenstadt zu essen, wenn man ihn vorher wäscht – was man auch bei Pflanzen vom Land tun sollte. Pflanzen Sie zur Sicherheit kein Gemüse in weniger als 20 Meter Entfernung von stark befahrenen Straßen, dort säen sie besser Blumen.

Alte Industriegrundstücke sind unter Umständen nicht zum Gemüseanbau geeignet, zumindest solange der Boden nicht auf Schadstoffe und Altlasten untersucht wurde. In diesem Fall ist es besser, Gemüse und Kräuter in Gefäßen, Hochbeeten, Bigbags, Kisten und Kästen, Eimern und Wannen quasi über der Erde anzupflanzen.

Anbau in Kisten, Eimern und Kübeln

In fertigen Anbaukisten lässt sich Gemüse einfach ziehen (siehe S. 23). Aber man kann auch eine Menge anderer Gefäße und Behälter bepflanzen: Bottiche, Eimer, auch Badewannen können sich eignen. Sogar einen Sack Erde, in den man Drainagelöcher schneidet, kann man zum Anbau von Gemüse nutzen. Auch große Beutel und Tüten aus Kunststoff können Sie verwenden. Inzwischen gibt es besondere Pflanzsäcke, die man einfach aufstellen und mit Erde füllen kann.

Wichtig ist eine gute Drainage, denn Pflanzen mögen keine Staunässe und nasse Füße. In allen Pflanzbehältern muss es Löcher geben, damit überschüssiges Wasser abfließen kann. Wem die Plastiktaschen oder -gefäße nicht gefallen, kann sie in Weidenkörben verstecken.

Beerensträucher brauchen mehr Platz und wachsen besser in großen Töpfen oder Fässern. In kleineren Kisten kann man gut Salat und alle möglichen Blattgemüse anbauen, und wer nur ganz wenig Platz hat, sät oder pflanzt Kräuter wie Basilikum, Schnittlauch, Dill, Koriander und Rucola in Töpfe. Hier gilt dasselbe wie beim Anbau von allen Gemüsen: Aus Fehlern wird man klug. Man muss einfach vieles ausprobieren und eigene Erfahrungen machen!

Auf Balkon und Terrasse

Terrassen und Balkone stellen für Gärtner meist eine ganz besondere Herausforderung dar. Es herrscht dort ein ganz anderes Mikroklima als im Garten und die Fläche ist begrenzt. Ein Windschutz ist unabdingbar. Auch die Lichtverhältnisse spielen eine Rolle: Auf einem Südbalkon gedeihen viele Kräuter und Gemüse, wenn man täglich gießen kann. An einem schattigeren Platz wachsen verschiedene Minzen, wunderbare und vielseitig verwendbare Pflanzen. Im Halbschatten mit mindestens fünf bis sechs Stunden Sonne wachsen Petersilie, Salat, Lauchzwiebeln, Mangold, Walderdbeeren und Rucola.

Leere Olivenölkanister mit Rosmarin und Basilikum sorgen für Mittelmeerflair, in normalen Balkonkästen gedeihen alle Pflanzen mit kurzen Wurzeln. Rucola, Koriander, Dill, Petersilie und Schnittlauch sind ideale Kandidaten dafür, ebenso Pflücksalate. Es ist wichtig, regelmäßig zu gießen und zu düngen, denn die Kästen haben kein besonders großes Volumen für die Pflanzerde als Wasser- und Nährstoffspeicher.

Tomaten, Paprika, Basilikum und Chili wachsen auf dem Balkon besonders gut. Auch Stangenbohnen, die sich an Rankgerüsten emporschlingen, gedeihen in Töpfen, wenn diese groß genug sind. Man kann auch einfach ein paar Pflanzen direkt in einen Sack Erde mit Löchern säen oder pflanzen. Feuerbohnen sehen toll aus und schmecken gut. Es macht auch Spaß, neue Kartoffeln in Plastikeimern anzubauen (siehe S. 126).

Eine halbes Holzfass mit Gemüse ist ein schöner Blickfang und liefert gleichzeitig eine schmackhafte Ernte für die Küche. Das Fass sollte dabei nicht direkt auf dem Boden stehen, sondern erhöht auf kleinen Klötzen. Versuchen Sie es einmal mit verschiedenen Salatsorten oder Petersilie, gemischt mit etwas Kapuzinerkresse, oder mit einem schönen rotblättrigen Grünkohl. Auch Stangensellerie, von dem man nach und nach Stängel pflücken kann, eignet sich.

Wenn man mehrjährige Pflanzen wie Oregano, Schnittlauch, Winterheckenzwiebeln und Thymian anbaut, muss man darauf achten, dass der Topf Kälte verträgt und im Winter bei Frost nicht reißt oder platzt. Das gilt auch für Beerensträucher in Gefäßen.

Der Fantasie sind keine Grenzen gesetzt. Man kann in den unterschiedlichsten Behältern anpflanzen: in Eimern, Blechdosen, Holztonnen und sogar in Säcken.

RHABARBER UND SPARGEL

Ein blasses Gänseblümchen im Rasen und kleine Knospen in der Weißdornhecke kündigen vorsichtig den Frühling an: Nun erwacht der Küchengarten nach und nach zu neuem Leben. Kerbel und Schnittlauch zeigen das erste zarte Grün und etwas weiter bricht eine dicke Rhabarberknospe durch die dunkle Erde. Ein paar Wochen später haben die meisten Stängel schon eine beachtliche Größe erreicht. Ich pflücke sie vorsichtig, dabei ziehe ich sie ganz gerade aus der Erde, damit keine Reste am Wurzelstock verbleiben und faulen. Auch Frühlingszwiebeln, überwinterter Rucola und ein paar zarte Löwenzahnblätter sind wahre Küchenschätze. Wie schmeckt der Frühling? Grün und ein bisschen herb.

Rhabarber

Rhabarber ist eine Zierde für jeden Küchengarten. Er ist eine beeindruckende Pflanze und als Solitär ein echter Hingucker. Man muss ihn gut pflegen, dann wächst er. Oft wird er stiefmütterlich behandelt und verkümmert in schlechter Erde in einem schattigen Winkel des Gartens. Rhabarber braucht viele Nährstoffe und sollte jedes Jahr im Frühjahr und Sommer mit Kompost gedüngt werden.

Die Pflanze lässt sich zudem gut teilen. Überlegen Sie gut, wo Sie Ihren Rhabarber pflanzen möchten, denn er braucht viel Platz – mindestens einen Quadratmeter pro Exemplar. Häufiges Umpflanzen verträgt er nicht und möchte, wenn er frisch gesetzt wurde, in Ruhe gelassen werden. Bis er sich etabliert hat, wird auch noch nicht geerntet. Ab dem zweiten Standjahr können Sie die ersten Blätter mit den Stängeln ziehen, und zwar vorsichtig: von oben, nicht seitlich. Es sollten immer zwei Drittel der Blätter stehen bleiben, sonst verliert der Rhabarber seine Wuchskraft.

Oft wird empfohlen, den Blütenstand abzuschneiden, damit sich die Pflanze regenerieren kann. Ich lasse ihn wachsen, denn ab Mitte Juni ist die Erntezeit ohnehin vorbei und er darf bis in den Herbst wachsen, wie er will.

Zwei bis drei Pflanzen im Garten reichen völlig aus, sie liefern genug Stangen für Kuchen, Sirup und zum Verschenken. Es gibt mehrere Sorten, zum Beispiel „Frambozen Rood", „Elmsfeuer" und „Holsteiner Edelblut".

RHABARBER IN BUTTER

Den Rhabarber schräg in dünne Scheiben schneiden und mit Butter und Rohrzucker in einer Pfanne anbraten. Man muss ausprobieren, wie viel Zucker man braucht. Etwas frischen Ingwer darüberreiben. Fertig! Warm und mit Eis serviert ein Traum!

RHABARBERKOMPOTT MIT ZITRONE

Eines meiner Lieblingsrezepte – die Säure der Zitrone dämpft die Pelzigkeit des Rhabarbers.

Für 4 Personen:
1 Bund Rhabarber, circa 500 g
circa 120 g Zucker
350 ml Wasser
Saft von einer Zitrone

Den Rhabarber in relativ lange Stücke schneiden. Zucker und Wasser fünf Minuten ohne Deckel kochen, die Rhabarberstücke hineinlegen, erneut aufkochen lassen und den Topf vom Herd nehmen. Den Zitronensaft dazugießen. Abkühlen lassen und den Rhabarber zusammen mit dem dickflüssigen Saft in einer Schüssel servieren. Hervorragend zu Sahne, Eis, Quark oder Griechischem Joghurt.

Spargel

Man muss sein Spargelbeet gut planen, denn hat man die Pflanzen einmal gesetzt, wachsen sie jahrelang an derselben Stelle. Legen Sie zuerst ein breites, tiefes Beet an, das sorgfältig von mehrjährigen Unkräutern befreit wird. Es kann später schwer sein, die Unkrautwurzeln zu entfernen, weil man nicht graben kann, ohne die Spargelpflanzen zu beschädigen. Wenn die Erde schwer ist, muss man Sand untermischen. Düngen Sie den Boden mit Kompost und Knochenmehl, dann werden die Wurzeln vorsichtig in einen kleinen Erdhügel gesetzt und mit Erde bedeckt. Nach dem Pflanzen angießen.

Die nächsten Wochen und Monate heißt es, sich in Geduld zu üben, denn Spargel braucht viel Zeit zum Wachsen. Erst dann kann man ernten. Je nach Größe der Setzlinge kann es bis zu drei Jahre dauern, bis die ersten Stangen geerntet werden können.

Ich ernte meinen Spargel ungefähr ab Anfang Mai bis kurz nach Johanni (24. Juni). Dann endet die Erntesaison und ich dünge die Pflanzen mit kompostiertem Rindermist. Bis zum Frost wachsen sie ungestört weiter, damit sie sich regenerieren und viele neue Knospen anlegen können. Im November, wenn die Triebe verwelkt sind, schneide ich sie knapp über dem Boden ab. In manchen Jahren, wenn ich Zeit und Lust habe, mulche ich das Spargelbeet im Herbst mit Seetang. Ebenso eignet sich verrotteter Rinderdung.

Die Spargelzeit ist kurz, man sollte sie also ausnutzen! Essen Sie Spargel mit Butter und Parmesan oder mit Sauce Hollandaise … auch in Olivenöl gebraten mit getrockneten Tomaten,

Zitrone und Pinienkernen ist Spargel ein Hochgenuss. Am besten schmeckt frisch geernteter Spargel, dessen Pflanzensaft aus der Schnittfläche tropft. Man kann ihn aber auch ohne Weiteres ein paar Tage in ein feuchtes Handtuch gewickelt im Kühlschrank aufbewahren. Haben Sie einen Bund Spargel gekauft, sollten Sie die Stangen unten abschneiden, um eine neue, frische Schnittfläche zu erhalten. Stellen Sie die Stangen nun für eine Stunde ins Wasser. Aber nicht länger, sonst wird er zu wässrig! Grünen Spargel muss man nicht schälen. Die Kochzeit variiert je nach Dicke der Stangen und Erntezeit. Am Anfang des Frühlings wächst Spargel langsamer, dann sollte man ihn ein paar Minuten länger kochen. Die ungefähre Kochzeit für frisch geernteten fingerdicken Spargel beträgt vier bis fünf Minuten.

FRITTIERTER SPARGEL

Grüner Spargel
Öl zum Frittieren

Frittierteig:
1 Ei
60 g Weizenmehl
100 ml Mineralwasser

Das Ei trennen, das Eiweiß schlagen. Eigelb, Mehl und Mineralwasser untermischen. Das Öl in einem Topf mit dickem Boden auf hohe Temperatur erhitzen. Machen Sie einen Testlauf mit einem Stück Brot, das goldbraun werden soll. Den Spargel in Stücke schneiden, in den Teig tauchen und immer ein paar Stücke gleichzeitig frittieren. Zum Abtropfen auf Küchenpapier legen, leicht salzen und gleich servieren.

Ein sicherer Frühlingsbote: Der Spargel spitzt heraus!

FRÜHE GEMÜSE

Im Frühling macht das Gemüsegärtnern am meisten Spaß. Die Frühlingszwiebeln sprießen zuerst, es folgen Schnittlauch, Kerbel und die ersten Triebe des französischen Estragons. Das ergibt eine feine Kräutermischung für Sahnequark. Wenn dann die ersten Radieschen und Spinat reifen, ist der Frühling wirklich da.

Radieschen

Radieschen gehören zu den ersten Frühlingsgemüsen, die man ernten kann. Säen Sie sie ab Ende Februar/Anfang März nach und nach aus. Man braucht sie nicht auszudünnen, wenn man nicht zu dicht sät. Säen Sie den ersten Satz am besten im Frühbeet oder im Gewächshaus, dann werden die Radieschen geerntet, bevor Gurken und Tomaten gepflanzt werden. Man kann Radieschen auch noch später im Jahr aussäen, eigentlich bis in den Oktober hinein. Radieschen brauchen gleichmäßige Bodenfeuchte und vertragen keine Hitze, man sollte sie also nicht im Hochsommer säen. Damit die Pflanzen nicht von Insekten gefressen werden, legt man ein Stück Gartenvlies über die Anbaufläche.

Probieren Sie auch einmal Radieschenkeimlinge oder die zarten Blätter. Blanchieren oder dünsten Sie die Radieschen mit Butter. Frisch und roh, direkt aus dem Beet, schmecken Sie natürlich auch.

Schnittlauch

Wenn Schnittlauch blüht, erinnert er an eine rosa Borte auf einem grünen Sommerkleid. Ich

Schnittlauchblüten

vermehre ihn ständig: Es ist leicht, ein Büschel zu teilen, wodurch man viele kleine Pflanzen für eine neue Reihe bekommt. Schnittlauch sollte ohnehin ungefähr jedes dritte Jahr geteilt werden, damit er nicht zu dicht wird. In vielen Büchern steht, man solle die Blüten wegschneiden – das kann ich nicht nachvollziehen. Für mich sind die lila Blüten in meinem Frühsommergarten genauso wichtig wie Tulpen und Narzissen. Wenn die Pflanzen geblüht haben, schneide ich sie komplett zurück und streue etwas kompostierten Mist oder Kompost darüber oder gieße sie mit gedüngtem Wasser. Bald

Winterheckenzwiebeln gehören zu meinen absoluten Lieblingspflanzen.

sind sie zu einer dichten Reihe mit neuen Halmen herangewachsen.

Der Schnittlauch gehört zu den allerersten Pflanzen, die im Garten ihre Sprossen aus der Erde schieben. Ich verwende die Halme gern im Salat, bevor sie ausgewachsen sind. Es ist eine Kunst, Schnittlauch mit einem scharfen Messer so fein zu hacken, wie es Profi-Köche tun, aber dabei werden die Schnittflächen weniger beschädigt als mit einer Schere. Streuen Sie gehackten Schnittlauch über Kartoffelbrei, Kartoffelsalat und grünen Salat, machen Sie Schnittlauchbutter oder mischen Sie ihn mit Frischkäse.

Es gibt auch Chinesischen Schnittlauch, der nach Knoblauch schmeckt und weiße Blüten hat. Eine weitere Art, der Sibirische Schnittlauch, hat hübsche helllila Blüten.

Winterheckenzwiebeln

Jedes Jahr freue ich mich über meine Winterheckenzwiebeln, die ich wie Frühlingszwiebeln verwende. Sie sind so tapfer und gehören zu den ersten Gemüsen im Beet, die man ernten kann. Die Pflanze wird recht hoch und hat hohle Röhrenblätter. Wenn man sie kleinschneidet, erhält man kleine dunkelgrüne Ringe mit mildem Zwiebelgeschmack. Die Blüte, ein weißer Ball, zeigt sich im Frühsommer. Frühlingszwiebeln sind einfach zu kultivieren, der Anbau lohnt sich also!

Kerbel

Kerbel ist ein zartes kleines Kraut mit intensiv nach Anis schmeckenden Blättern. Es sät sich leicht selbst aus und kann mehrmals im Jahr geerntet werden. Kerbel wächst auch bei kühlem Wetter und kann schon sehr früh im Frühling gesät werden. Es ist jedes Mal eine Freude, die frischen hellgrünen Blätter zu pflücken, um sie auf die Teller mit den Ostereiern zu legen. Er passt im Beet perfekt zu Estragon und Schnittlauch.

Französischer Estragon

Estragon fühlt sich in gutem Mutterboden wohl und lässt sich in Deutschland gut anbauen. Man kann ihn leicht selbst vermehren, denn er verbreitet sich durch unterirdische Ausläufer. Estragon hat einen speziellen Geschmack. Er harmoniert gut mit Kerbel und Schnittlauch, beispielsweise in Kräuterquark. Man kann ihn trocknen, um ihn auch im Winter verwenden zu können. Um sein einzigartiges Aroma zu erhalten, macht man allerdings am besten Estragonessig: einfach ein paar Estragonstängel in Weißweinessig legen.

Schnittlauch, Estragon und Kerbel ergeben eine perfekte Kräutermischung.

Spinat wächst im Frühling und Herbst am besten. Im Sommer neigt er zum Schossen.

Sauerampfer

Stachelbeere oder Zitrone? Der Geschmack der Sauerampferblätter ist in der Tat ein wenig verwirrend. Er ist ein vielseitiges Kraut, das sich zum Würzen von Saucen, für Suppen und zur Verfeinerung von Omeletts und Quiches wunderbar eignet. Sauerampfer gibt es nicht oft zu kaufen, aber man kann ihn leicht anbauen. Wer sich mit heimischen Pflanzen auskennt und diese sicher bestimmen kann, pflückt ihn wild auf ungedüngten Wiesen. Die Blätter sind kleiner und säuerlicher als die von Gartensorten, aber vielseitig verwendbar.

Man kann Sauerampfer aussäen oder vorgezogene Pflanzen kaufen. Letzteres ist fast sinnvoller, weil meist eine oder ein paar Pflanzen pro Haushalt reichen. Man kann ihn über einen sehr langen Zeitraum ernten. Schneiden Sie einfach die Blütenstängel ab, dann bildet er immer neue Blätter. Bei mir sät er sich leicht selbst aus, wenn ich ihn blühen lasse.

Sauerampfer passt gut zu Butter, Sahne und Ei, einfach zu allem, was den säuerlichen Geschmack neutralisiert und zu diesem speziellen Aroma passt. Ich habe einen Freund aus Frankreich, der Käsequiches immer mit Sauerampfer würzt. Wenn man Suppe kochen will, mischt man Sauerampfer mit anderem Gemüse wie Kartoffeln, Spinat oder grünen Erbsen. Die „Potage d'Oseille" ist eine klassische Sauerampfersuppe französischer Art, mit Sauerampferblättern, Brühe und einer Bindung aus Eigelb und Sahne. Leider werden die Blätter beim Erhitzen braun. Schöner sieht es aus, wenn man sie erst zum Schluss – roh püriert – untermischt.

Spinat

Spinat kann sehr zeitig im Jahr ausgesät werden, sobald die Frühlingssonne die oberste Erdschicht erwärmt hat. Im Oktober oder November kann man ihn ein weiteres Mal säen. Wichtig sind der Jahreszeit angepasste Sorten. Im Sommer neigt Spinat zur Bildung vorzeitiger Blüten – man sagt, er schosst. Säen Sie ihn nicht zu dicht oder dünnen Sie die Reihen später aus, er wächst besser, wenn er genug Platz hat. Gießen Sie bei Bedarf. Wenn es zu trocken und heiß ist, fangen die Pflanzen an zu blühen. Spinat darf nicht mit zu viel Stickstoff gedüngt werden, denn dann erhöht sich der Nitratgehalt der Blätter. Am besten gedeiht er in humusreichem Boden.

Will man Spinat sehr früh ernten, kann er auch im Gewächshaus gesät oder Exemplare zum späteren Auspflanzen im Haus vorgezogen werden. Ein Anbau unter Vlies oder im Frühbeet ermöglicht ebenfalls frühere Ernten. Früher war es für jeden Gärtner eine Ehrensache, an Ostern frischen Spinat ernten zu können. Pflücken Sie die Blätter für eine extrafrühe Ernte, sobald die Pflanzen kleine Blattrosetten gebildet haben, aber lassen Sie in der Mitte ein paar Blätter stehen, damit die Pflanzen weiterwachsen können. Da der Spinat immer weiter neue Blätter bildet, kann er mehrmals beerntet und durchgepflückt werden. Nach drei Erntegängen sind die Pflanzen erschöpft und werden aus dem Beet genommen. Für mich ist Spinat vor allem ein Frühsommergemüse, aber es gibt auch Sorten, die sich wunderbar als Herbstgemüse eignen. Wenn man Herbsternten möchte, sät man ihn ab Mitte August in mehreren Sätzen aus.

SALAT UND KRÄUTER

Grüne, knackige Blätter sind für mich das Sinnbild eines Küchengartens, und der allerschönste Anblick, den ich mir vorstellen kann, sind kleine, hellgrüne Salatköpfe auf dunkler Erde. Die Freude, die ich verspüre, wenn ich den Salat für den Tag ernte, ist riesig. Am besten sollten es viele verschiedene Sorten sein, unterschiedlich in Form und Geschmack. Mein alter Freund Francesco aus Italien sagt immer, in einen Salat gehören sieben verschiedene Pflanzen.

Salat

Salat ist eine der wenigen Gemüsesorten, deren Anbau mir noch nie richtig missglückt ist. Man kann die Samen direkt ins Beet aussäen, vorgezogene Jungpflanzen kaufen oder selbst Pflänzchen heranziehen. Die Vorkultur klappt am besten, wenn man einen kühlen und hellen Raum wie einen Wintergarten oder eine Garage mit Fenster zur Verfügung hat. Bei Temperaturen über 20° Celsius keimen die Samen schlecht. Wenn die Pflanzen ins Gewächshaus oder Frühbeet gesetzt werden sollen, sollte man bereits Ende Februar/Anfang März aussäen. Will man sie dagegen direkt nach draußen setzen, muss man ein paar Wochen oder länger warten – das hängt ein wenig vom Klima ab. Verwenden Sie keinen alten Samen, da Salat schnell an Keimfähigkeit verliert. Und teilen Sie größere Portionen aus gekauften Tüten lieber mit Nachbarn und Freunden, um so viele Sorten wie möglich anbauen zu können.

Salat eignet sich zur breiten Aussaat in Kisten, aber am einfachsten ist es, ihn direkt in kleine Töpfe zu säen. Legen Sie je drei Samen in einen Topf und zupfen sie nach dem Keimen die beiden schwächeren Keimlinge heraus. Stellen Sie die Töpfe in einen Innenraum, der

malen Gartenerde gut zurecht. Eine zusätzliche Düngung ist nach der Aussaat oder Pflanzung nicht nötig. Gießen Sie bei trockenem Wetter! Wenn Eisbergsalat von innen verfault, liegt das nicht, wie man fälschlicherweise meinen könnte, an zu viel Nässe, sondern an Trockenheit und zu großer Hitze. Die Wurzeln können nicht genügend Wasser aufnehmen, um den ganzen Kopf zu versorgen. Geben Sie den Pflanzen reichlich Platz, das ist ebenfalls wichtig. Beim Auspflanzen stelle ich mir immer vor, wie groß ein Eisbergsalatkopf normalerweise wird. Wenn man Salat auspflanzt, darf man ihn nicht tief setzen. Die Pflanzen sollten fast lose auf der Erde liegen, besonders Kopfsalat, der keine Köpfe bildet, wenn die Pflanze zu tief in der Erde sitzt.

Es ist ratsam, den eigenen Salatkonsum genau zu planen. Wenn man nur einmal sät, hat man für ein paar Wochen lang Salat im Überfluss und dann wochenlang gar keinen mehr. Um das zu vermeiden, sät man satzweise aus, ungefähr einmal im Monat, und wählt Sorten, die über einen längeren Zeitraum geerntet werden können. Pflücksalat kann beispielsweise einen ganzen Monat lang geerntet werden, wenn man immer nur die äußeren Blätter pflückt.

Ich baue immer viele unterschiedliche Salatsorten an. Kopfsalat esse ich als Frühlingsgemüse, wenn ich den importierten Eisbergsa-

etwas kühler als normale Zimmertemperatur ist, und decken Sie die Töpfe mit durchsichtiger Folie ab, bis die Samen gekeimt sind. Anschließend müssen die Pflanzen an einen noch kühleren, aber unbedingt hellen Platz. Stellen Sie sie zur Abhärtung nach draußen, wenn die Pflanzen daumengroß sind. Anfangs nur stundenweise, damit sich die Pflänzchen schrittweise an die niedrigeren Außentemperaturen und die direkte Sonneneinstrahlung gewöhnen können.

Salat hat keine besonders hohen Ansprüche an den Nährstoffgehalt, er kommt mit der nor-

RECHTE SEITE: Oben von links nach rechts: Bataviasalat „Mara Villa de Verno", Römersalat „Marchall Red" und Pflück-Eisbergsalat „Frillice", einer meiner Lieblinge. Unten: Pflücksalat „Lollo Rosso", Eisbergsalat „Saladin" und Kopfsalat „Merveille de Quatre Saisons".

Gewöhnlicher Rucola oder Rauke

lat aus den Wintermonaten nicht mehr sehen kann. Eigenen, knackigen grünen Eisbergsalat möchte ich aber auch haben, er schmeckt viel besser als der aus dem Supermarkt. Pflücksalat ist für mich unentbehrlich, er kommt früh in meinen Garten und kann lange geerntet werden. Man kann ihn auch spät aussäen, um ihn dann bis in den Herbst hinein zu ernten. Dann gibt es noch die etwas bitter schmeckenden Zichoriensalate wie Endivie, Radicchio und Friséesalat, die in der Mischung mit anderen Sorten ebenfalls lecker sind. Und schließlich noch Römer- und Bataviasalate, die alten Könige des Salatreichs. Sie sind in meinen Augen die allerbesten.

Feldsalat

Feldsalat wird auch Wintersalat genannt. Er wird ab dem zeitigen Frühling bis in den frühen Herbst hinein ausgesät, ist frostbeständig und kann bis zum Spätherbst geerntet werden. Wenn man ihn im Herbst im Gewächshaus sät, ist eine Ernte schon im Spätwinter oder Vorfrühling möglich. Hat man kein Gewächshaus oder Frühbeet, nimmt man am besten ein altes Fenster, das auf ein paar Ziegelsteinen über die Pflanzung gelegt wird, um die Pflanzen zu schützen. Feldsalat gedeiht bei Breitsaat am besten. Dünnen Sie zwischen den Pflanzen zwischen 10 und 15 Zentimetern aus. Feldsalat sät sich leicht aus, und wenn man will, vermehrt er sich in einer Gartenecke von selbst.

Rucola

Für mich ist Rucola unentbehrlich. Während der Anbauzeit mische ich ihn jeden Tag in den Salat oder esse eine Handvoll mit etwas Olivenöl und Käse. Rucola macht das Leben ein bisschen schöner, und einfachste Alltagsessen werden durch ihn richtig lecker. Ich mag ihn sogar, wenn er ausgewachsen ist und dann recht bitter schmeckt. Gesät wird früh, dann den ganzen Sommer über immer wieder in kleinen Sätzen. Man kann ihn gut im Gewächshaus anbauen, aber nur bis Mitte Juni, dann wird es dort zu heiß.

Es gibt zwei Arten von Rucola: Die häufigere und mildeste, „Eruca sativa", ist hochwachsend und hat weiße oder helllila Blüten. Die andere Art ist kleiner, bildet Blattrosetten am Boden und hat gelbe Blüten. Sie heißt „Diplotaxis tenuifolia" und wird auch wilde Rauke genannt. Ihr offizieller Name ist „Schmalblättriger Doppelsame".

Säen Sie Rucola nicht zu dicht, dann müssen Sie ihn nicht ausdünnen. Gießen Sie, wenn es trocken ist. Wilde Rauke kann man zurückschneiden, sie wächst wieder nach, wenn sie nicht zu tief geschnitten wurde, und überdauert sogar den Winter. Im Frühling kann man dann gleich ernten, sogar noch bevor die Beete vorbereitet werden.

Neue Kartoffeln mit Olivenöl, Salz, etwas Knoblauch, grob geriebenem Parmesan und viel grob gehacktem Rucola schmecken sehr lecker!

Portulak

Portulak wächst in weiten Teilen der Welt wild, oft auch als Unkraut. Er ist saftig, säuerlich und lecker in Salaten. Fattoush heißt ein saftiger libanesischer Salat aus getrockneten Pitabrotstücken, Portulak, Gurke, Zwiebel, Knoblauch, Zitrone, Petersilie, Minze und Olivenöl.

Säen Sie ihn eher spät aus, wenn der Boden warm ist. Die Samen sollten nicht tief gesetzt werden, man kann sie einfach auf die Erde streuen. Regelmäßig ernten, indem man kleine Triebe abschneidet. Portulak sät sich leicht selbst aus und kann auch im Topf angebaut werden.

Basilikum

Ab Mitte März kann man Basilikum in Töpfen aussäen. Wichtig ist ein heller und warmer Platz, und die Samen dürfen nicht abgedeckt werden. Es sind viele verschiedene Basilikumsorten erhältlich. Ich nehme am liebsten „Genoveser" – wegen seines intensiven Aromas. Es gibt eine kleinblättrige Sorte, „Piccolino", die sich gut im Topf anbauen lässt, und eine höher wachsende wie „Großes Grünes", die sich fürs Gewächshaus eignet. Am schönsten ist Griechisches Basilikum, im freien Feld ähnelt es kleinen Buchsbaumkugeln.

Setzen Sie die Pflänzchen in einen größeren Topf, wenn die ersten zwei richtigen „Herzblätter" erscheinen, oder säen Sie gleich in einem großen Topf an. In einem großen Topf haben etwa zehn Pflanzen Platz. Alternativ bekommt jede Pflanze einen eigenen Topf und kann sich dann prächtig entwickeln. Pflanzen Sie sie in die Mitte des Topfes und formen Sie einen kleinen Hügel um die Pflanzen, das schützt vor Schimmel. Basilikum mag gleichbleibend feuchte Erde, lassen Sie es nicht austrocknen, aber gießen Sie auch nicht zu viel, sonst schimmeln die Stängel.

Ich pflanze Basilikum immer im Frühbeet, das funktioniert gut. In milden Regionen kann man es auch im Beet anbauen, wenn man Platz und Samen übrig hat. Säen Sie es an einem geschützten Ort oder pflanzen Sie kleine Pflänzchen aus, das ist sicherer. Basilikum ist sehr empfindlich, was Regen und Wind betrifft, aber in einem guten Sommer kann es im Freiland einen halben Meter hoch werden.

Viele kleine Tiere mögen Basilikum. Schnecken, Läuse und Ohrwürmer nagen große Löcher in die Blätter, was sehr lästig sein kann. Vermeiden Sie eine Mulchschicht um die Pflanzen, die solche Schädlinge anzieht.

Basilikum im Topf braucht regelmäßig Dünger. Wenn es seine Blätter hängen lässt, ist das ein Zeichen von Trockenheit. Pflanzen, die zu wenig gedüngt und/oder unregelmäßig gegossen werden, blühen vorzeitig. Dann schmecken die Blätter fade und scharf.

Man sollte die Basilikumpflanze heranwachsen lassen, bevor man zu ernten beginnt. Viele sagen, man solle bei Basilikum immer die Triebspitzen ernten, damit es sich mehr verzweigt. Andere meinen, es bildet von selbst viele Triebe an den Blattansätzen, wenn es nur genügend Nährstoffe bekommt, und man soll die Blätter unter einem Trieb pflücken. Aus meiner Erfahrung kann man beides tun, aber manchmal müssen die Spitzen gekappt werden. Machen Sie das unbedingt, bevor das Basilikum zu blühen beginnt, denn sobald es geblüht hat, verliert es an Kraft und verkümmert.

Basilikum passt zu fast allem und gibt jedem Gericht eine besondere Note. Man kann es mit

Das Griechische Basilikum „Green Globe" sieht fast so aus wie eine Buchsbaumkugel und ist ausgesprochen dekorativ. Hier zusammen mit silbrigen Artischocken.

Dillblüten

keinem anderen Kraut vergleichen. Nach der Ernte lässt es schnell den Kopf hängen, erholt sich aber wieder, wenn man es ins Wasser stellt. Wenn man Pesto machen will, kann man das Basilikum sogar bewusst einen Tag liegen lassen, damit es weniger Wasser enthält.

Geben Sie Basilikum immer erst zum Schluss zu warmen Gerichten, sonst verliert es das Aroma. Von meinem Basilikum verbrauche ich jede Menge für den täglichen Salat, im Spätsommer friere ich dann noch Unmengen für Suppen im Winter ein. Kurz vor dem Servieren, wenn die Suppe schon fertig ist, nehme ich ein paar noch gefrorene Blätter heraus und zerreibe sie zwischen den Fingern.

Dill

Dill kann im Beet hin und wieder eine kleine Diva sein. Manchmal werden die Keimlinge blass und fallen um, in anderen Jahren sind die Pflanzen kräftig grün, werden meterhoch und bekommen schöne Blüten. Wenn die Erde um den Dill verschlammt − was nach einem Regen oder nach dem Gießen leicht passieren kann −, kommt keine Luft an die Wurzeln, die wiederum keine Nährstoffe aufnehmen können. Dann muss man den Boden auflockern, sonst verkümmert er! Die Erde sollte am besten nährstoffreich sein und ausreichend Stickstoff und Phosphat enthalten. Es ist wichtig, dass man Dill nicht zu dicht sät, damit die Pflanzen sich richtig entwickeln können.

Man kann die Samen leicht selbst sammeln, sowohl zur Aussaat als auch zum Würzen von Essen. Dillsamen sind bei uns als Gewürz nicht sehr verbreitet, werden aber beispielsweise im Mittleren Osten sehr oft verwendet. Wenn man ein Gewächshaus hat, kann man Dill gut im Vorfrühling für frühe Ernten säen, aber er entwickelt sich auch noch im Herbst. Säen Sie ihn dann Anfang August aus.

Wenn man Dill mit welken Blättern abgeschnitten hat, kann man ihn in ein Glas mit heißem Wasser stellen und einen Plastikbeutel darüberstülpen. So wird er meist wieder munter. Im Glas mit Wasser bleibt er noch ein paar Tage frisch.

Petersilie

Es gibt zwei Sorten von Petersilie, krause und glatte. Am besten, man hat beide im Garten.

Petersilie gedeiht in jeder Erde, aber sie wird besser, wenn die Erde nährstoffreich und durchlässig ist. Wenn der Boden um die Wurzeln verschlammt, kann sie wie Dill schnell welken und absterben, weil die Wurzeln nicht genügend Sauerstoff bekommen. Man kann sie früh säen, gleich wenn die Erde bestellbar wird. Ein Problem dabei ist, dass Petersiliensamen nur sehr langsam keimen. Man kann die Samen über Nacht einweichen, dann geht es etwas schneller, ansonsten kann man auch vorgezogene Pflänzchen kaufen oder sie im Haus selbst ziehen. Der Nachteil an vorkultivierten Pflanzen ist, dass sie oft nicht so winterhart sind. Eine weitere gute Methode besteht darin, die Petersilie im Freien in einen Anzuchtkasten oder ein Frühbeet zu säen, um sie dann später auszupflanzen. Geben Sie der Glatten viel Platz, sie bildet große Blattmengen und braucht daher auch mehr Dünger als die krausblättrigen Sorten. Es gibt mehrere Sorten, hohe wie niedrige. Wenn man ein gro-

Ich baue sowohl glatte als auch krause Petersilie an.

ßer Petersilienfan ist, sollte man die Sorte „Gigante di Napoli" säen, die 50 bis 60 Zentimeter hoch werden kann.

Petersilie ist zweijährig und blüht im zweiten Jahr. Sie sät sich leicht selbst aus, und in vielen älteren Gärten darf sie jedes Jahr am selben Ort stehen und sich erneuern. Wenn man Petersilie überwintern will, ist es besser, sie später auszusäen, etwa Ende Mai/Anfang Juni. Die krause Sorte ist kältebeständiger, in milden Wintern ist es sogar möglich, das ganze Jahr über Petersilie zu ernten, wenn man sie mit Vlies abdeckt. Man kann auch einen einfachen Rahmen bauen und ein altes Fenster über die Petersilie legen, dann ist die Chance größer, dass man im Winter noch ernten kann – zumindest bis Weihnachten.

Petersilie ist eines der wichtigsten Küchenkräuter. Verwenden Sie es beispielsweise für Soffritto, die italienische Bezeichnung für eine

Mischung aus fein gehacktem Gemüse und Kräutern mit besonders viel Petersilie. Außer Petersilie gehören noch ein paar Stangen Sellerie, Knoblauch, etwas Zwiebel, vielleicht auch ein Stück Lauch, eine Karotte, Thymian, Rosmarin und Bohnenkraut hinein. Das kann variiert werden, aber die Petersilie ist wichtig, und es sollte glatte sein. Soffritto dient zunächst als Basis, die, in Olivenöl gedünstet, zu verschiedenen Gerichten weiterverarbeitet werden kann – ob Suppe, ein Eintopf oder einfach ein Gemüsegericht mit Bohnen und Tomaten. Soffritto sorgt für den kräftigen Geschmack.

Salsa verde ist ein anderes Petersiliengericht, das zu allem gut passt. Man mixt Petersilie mit Knoblauch, Olivenöl, fügt ein paar Kapern und einige Sardellen dazu und würzt alles mit Zitronensaft, Salz und Pfeffer. Probieren Sie diese Soße zu neuen Kartoffeln!

Koriander

Koriander nimmt in meinem Küchengarten denselben Rang ein wie Dill, Petersilie und Basilikum. Bei Koriander empfiehlt sich mehrmalige Breitsaat, er keimt schnell und gut. Man kann Koriander auch auf der Fensterbank in Töpfen aussäen oder auf dem Balkon in Kästen. Die Pflanze gedeiht am besten in leichter, warmer Erde, dabei bevorzugt sie einen sonnigen, nicht zu trockenen Standort. Die Blätter haben ein sehr spezielles Aroma, an das sich manche nur schwer gewöhnen. Auch die Wurzeln der Pflanze sind essbar, sie schmecken wie die Blätter. Die kleinen, runden Samen wiederum schmecken ganz anders, aromatischer und ein bisschen nach Orange. In unseren Breiten reifen Koriandersamen selten ganz aus und entfalten ihr Aroma nicht vollständig. Ernten Sie Koriandersamen, bevor sie aus den Samenständen fallen, und lassen Sie sie im Haus nachreifen.

KORIANDERMISCHUNG

Passt gut zu Gurkenscheiben, zu gedünstetem Blumenkohl oder gekochten grünen Bohnen.

1 großer Bund Koriander
1 Knoblauchzehe
Chili nach Geschmack
2 EL Limetten- oder Zitronensaft
1 TL Rohrzucker
1 TL Meersalz

Koriander hacken und mit sehr fein gehacktem Knoblauch und Chili, dem Zitronen- oder Limettensaft sowie dem Rohrzucker und Meersalz vermischen.

BEERENSTRÄUCHER UND ERDBEEREN

Stachelbeeren und Johannisbeeren scheinen nichts Besonderes zu sein, aber für Menschen, die keinen Garten haben, sind sie ein großer Luxus. Das Erlebnis, an einem frühen Sommermorgen im eigenen Garten eine Handvoll Beeren zum Frühstück zu pflücken, ist unbezahlbar. Daher dürfen natürlich auch in meinem Küchengarten Beerensträucher nicht fehlen.

Stachel- und Johannisbeeren

Stachelbeeren und Johannisbeeren gedeihen überall, in Parks ebenso wie in alten Schrebergärten. Beim Einpflanzen sollte man Dünger oder Kompost und ein bis zwei Handvoll Knochenmehl als Starthilfe mit in das Pflanzloch geben. Auch Holzasche von unbehandeltem Holz ist geeignet. Später reichen gelegentliche Gaben von Algenkalk und hier und da noch etwas Kompost oder Mist aus.

Sowohl Stachelbeer- als auch Johannisbeersträucher lassen sich leicht durch Ableger vermehren. Dazu biegt man einfach einen Zweig nach unten, fixiert ihn mit einer Drahtkrampe und deckt ihn mit Erde ab. Sobald sich Wurzeln gebildet haben, schneidet man den Zweig ab und setzt die Pflanze um. Außerdem sollten alte Triebe regelmäßig entfernt werden, damit sich die Sträucher verjüngen.

Beerensträucher sind nicht eben robust: Stachelbeeren sind anfällig für Mehltau, es sei denn, man hat resistente Sorten gepflanzt. Schwarze Johannisbeersträucher können von Milben befallen werden, die die Knospen kugelig anschwellen lassen. Die kleinen Tiere über-

winten und befallen die Pflanzen immer wieder. Es kann sogar so weit gehen, dass man die Sträucher ausgraben und entfernen muss. Fast genauso verheerend ist die Gelbe Stachelbeerblattwespe, deren Larven die Blätter der Stachelbeersträucher auffressen. Sie überwintern in der obersten Erdschicht unter den Sträu-

Stachelbeeren sollten in keinem Garten fehlen.
LINKE SEITE: In meinem Traum vom perfekten Küchengarten gibt es viele Himbeeren.

chern. Bei einem Befall kann man versuchen, die Erde auszutauschen oder eine dicke Schicht Zeitungspapier als Mulch auszulegen, die man zusätzlich mit Erde, Stroh oder Rindenmulch bedeckt.

Brombeeren

Brombeeren brauchen viel Platz und eine Stütze für die langen Triebe. Am besten pflanzt man sie an einen sonnigen, geschützten Platz vor einer Mauer. Geben Sie Dünger oder Kompost in die Pflanzgrube und werfen Sie auch eine Handvoll Knochenmehl dazu, das langsam seine Wirkung entfaltet. Im Herbst nach der Ernte muss man die alten Zweige zurückschneiden. Brombeeren tragen ihre Früchte an den zweijährigen Trieben.

Walderdbeeren

Es gibt Erdbeeren, die sich wie die wilden Walderdbeeren durch Ausläufer vermehren. Sie verbreiten sich sehr schnell in den Beeten und können als Bodendecker verwendet werden. Aber die nichtrankenden Walderdbeeren – sogenannte Monatserdbeeren – sind einfacher zu pflegen. Man kann sie leicht vermehren, indem man sie teilt.

Walderdbeeren bevorzugen sauren, humusreichen Boden. Wenn man dafür sorgt, dass sie genügend Wasser bekommen, kann man noch länger ernten.

Himbeeren

Wenn man einen guten Freund hat, der gesunde, schöne Himbeerpflanzen besitzt, kann man zur Anlage eines eigenen Himbeerbeetes um Ableger bitten. Alternativ kauft man Pflanzen in einer guten Gärtnerei, um sicherzugehen, dass sie gesund sind.

Himbeerpflanzen wachsen schnell und können sich in alle Richtungen ausbreiten, ich muss jedes Jahr Unmengen von kleineren Pflanzen ausreißen. Wählen Sie sorgfältig aus, wo die Himbeeren stehen sollen, es sollte sonnig, aber nicht zu trocken sein. Mehrjährige Unkräuter werden vor der Pflanzung entfernt, dann wird das Beet mit Kompost gedüngt.

Himbeeren bevorzugen einen sauren Boden. Leichte, sandige Böden müssen mit Kompost, Humus und Gesteinsmehl verbessert werden. Auch Holzasche und Knochenmehl sind geeignet.

Zwischen den Pflanzen sollte der Abstand 50 Zentimeter betragen. Pflanzen Sie Himbeeren flach, die Wurzeln sollten nur knapp unter der Erdfläche liegen, und schneiden Sie dann die Triebe auf 30 Zentimeter zurück. Man kann

HIMBEERLIKÖR

circa 500 g Himbeeren
160–240 g Zucker
35 cl Cognac oder Branntwein

Beeren und Zucker in den Alkohol einlegen und zwei Monate ziehen lassen. Ab und zu umrühren. Durch ein Sieb passieren und die Himbeeren mit einem Kochlöffel zerstoßen, damit der Likör dickflüssiger wird. In eine Flasche füllen und verschließen. Statt Himbeeren eignen sich auch Schwarze Johannisbeeren. Wenn man Schwarzen Johannisbeerlikör mit Weißwein mischt, nennt man das Kir – ein perfekter Sommerdrink.

Selbstgemachter Beerenlikör in kleinen, hübschen Flaschen. Hier Himbeerlikör, aber man kann auch andere Beeren verwenden. Brombeeren lieben einen warmen, sonnigen und geschützten Standort. Die Beeren reifen nicht alle gleichzeitig, sodass man sie über einen langen Zeitraum ernten kann.

Himbeeren sowohl im Frühling als auch im Herbst pflanzen. Setzen Sie am besten mehrere Sorten, es macht Spaß, sie zu vergleichen und seinen Favoriten zu bestimmen. Die Sorten unterscheiden sich im Wuchs und in der Höhe, aber fast alle brauchen irgendeine Art von Stütze. Sommerhimbeeren tragen an den Vorjahrestrieben Früchte, also an denen, die ein Jahr alt sind. Nach der Ernte werden die abgeernteten Triebe bodennah abgeschnitten, die Triebe kann man leicht an der grauen Rinde erkennen. Dünnen Sie auch die neuen Triebe aus, sodass nur fünf bis sieben übrig bleiben.

Herbsthimbeeren tragen an den neuen Trieben des Jahres große, schöne Beeren. Nach der Ernte oder im Frühjahr werden alle Triebe zurückgeschnitten.

Man kann Himbeeren sehr lange an derselben Stelle anbauen. Wenn man eine gute Gartenerde hat, reicht die Grunddüngung mehrere Jahre, hat man magerere Erde, muss man ab und zu bei Bedarf düngen.

Heidel- oder Blaubeeren

Heidelbeeren gedeihen nur in saurer, kalkfreier Erde. Daher baut man sie meist in einem eigenen Beet mit einer speziellen Erdmischung an. Dazu wird eine Grube ausgehoben, die mit Sand, Rindenhumus, Nadelstreu und Kompost gefüllt wird. Auch Moorbeet- oder Rhododendronerde ist geeignet. Eine Schicht aus Rindenmulch hält die Feuchtigkeit im Boden, bis sich die Pflanzen allmählich etabliert haben. Man braucht Geduld, denn es dauert einige Jahre, bis man richtig ernten kann. „Bluecrop" ist eine gute und bewährte Sorte.

Erdbeeren

Ein Erdbeerbeet verlangt eine gewisse Pflege: Man muss Unkraut jäten, Schnecken und schimmlige Beeren entfernen und Ausläufer abschneiden.

Am besten pflanzt man Erdbeeren im August. Dann können die Pflanzen im Herbst noch gut einwurzeln, außerdem werden jetzt die Blütenanlagen für das kommende Jahr gebildet. Wählen Sie einen sonnigen Standort mit lockerer, humoser Erde. Düngen Sie Erdbeeren im August mit Rinderdung, zu viel Stickstoff sorgt nur für fades Aroma und zu viel Blattmasse. Wenn es trocken ist, sollten Sie nicht zu lange mit dem Gießen warten. Erdbeeren haben ein flaches Wurzelsystem und trocknen leicht aus. Daher ist beim Hacken ein gewisser Abstand zu den Pflanzen empfehlenswert, damit die Wurzeln nicht beschädigt werden.

Erdbeeren lassen sich einfach selbst vermehren – wählen Sie kräftige Pflanzen mit guten Früchten aus. Die Ausläufer werden von den Mutterpflanzen abgetrennt, wenn sie Wurzeln gebildet haben, und können dann umgepflanzt werden. Alle paar Jahre werden die Erdbeerbeete erneuert, damit sich Virus- und Pilzkrankheiten nicht ausbreiten können. Dazu wird das Beet in einen anderen Teil vom Garten verlegt, um zu verhindern, dass sich Schädlinge wie Fadenwürmer in der Erde anreichern. Man pflanzt Erdbeeren mit circa 50 Zentimeter Abstand zwischen den Reihen und ungefähr 35 Zentimetern zwischen den Pflanzen.

Wenn man besonders früh Beeren haben möchte, kann man einige Reihen mit Gartenvlies abdecken. Denken Sie nur daran, das Vlies abzunehmen, wenn die Blüte beginnt, sonst können Hummeln oder Bienen die Pflanzen nicht bestäuben. Und ohne Befruchtung gibt es keine Beeren.

Aus den Erdbeerranken werden neue Pflanzen gewonnen.

ERBSEN, BOHNEN UND MAIS

Der Autor Mark Twain hat einmal geschrieben, dass Mais am besten in einem Topf über einem offenen Feuer direkt auf dem Feld gekocht werden solle. Das klingt zwar gefährlich, aber er hatte recht. Mais und Erbsen sollten sofort nach dem Ernten gegessen werden, da sie sich schon wenige Stunden später geschmacklich verändern. Noch ein guter Grund mehr, dieses köstliche Gemüse selbst anzubauen! Selbst gezogene Bohnen sind unvergleichlich delikat, fein und knackig. Wenn ich zu Wachsbohnen und Grünen Bohnen einlade, fragen mich meine Gäste oft, wie ich sie gekocht habe und was ich gemacht habe, damit sie so gut werden. Nichts Besonderes, sage ich, ich habe sie nur ganz frisch geerntet!

Erbsen

Erbsen sind einfach anzubauen und stellen keine größeren Ansprüche an den Boden. Da sie stickstofffixierend sind, führen sie der Erde sogar Nährstoffe zu. Gießen Sie sie ab und zu, das tut ihnen gut, denn wenn es zu trocken ist, stockt manchmal das Wachstum. Das Wichtigste ist, laufend und regelmäßig zu ernten, denn je häufiger man pflückt, umso mehr stimulieren Sie die Pflanze, neue Erbsenhülsen zu bilden.

Setzen Sie die Samen ziemlich tief, etwa drei bis vier Zentimeter, dann trocknen sie nicht so leicht aus und werden nicht von Vögeln gefressen. Auch wenn die Triebe aus der Erde spitzen, besteht Gefahr. Tauben fressen zarte Erbsensprossen äußerst gerne. Sie können ihre Pflanzen schützen, indem Sie zu Beginn eine dünne Schicht kleiner Zweige über der Erbsenreihe auslegen. Wenn in der Reihe Lücken sichtbar werden, sät man einfach nach, die Nachzügler holen ihre „Kollegen" schnell ein. Am besten legt man die Samen über Nacht ins Wasser, das beschleunigt die Keimung. Man kann die Erbsen auch im Haus vorziehen und auspflanzen, wenn sie etwa 10 bis 15 Zentimeter groß sind. Warten Sie jedoch nicht zu lange, denn gerade die hochwachsenden Sorten brauchen frühzeitig Stütze, sonst fallen sie um.

Erbsen brauchen viel Platz, mindestens 35 bis 50 Zentimeter zwischen den Reihen, und wenn man hochwachsende Sorten hat, ein Spalier oder ein Netz, das circa zwei Meter hoch ist. Dann kann man auf beiden Seiten Erbsen pflanzen. Vielleicht auf der einen Seite Zuckererbsen und auf der anderen Duftende Platterbsen? Und wussten Sie, dass man die ausgewachsenen Erbsensprossen essen kann?

Stangenbohnen wachsen hoch in den Himmel. Die Rankgerüste sollten gut drei Meter hoch sein, dann gibt es eine reiche Ernte.

Zuckerschoten werden geerntet, wenn die Hülsen noch zart und dünn sind. Palerbsen dagegen dürfen in aller Ruhe heranwachsen.

In China wird ein Teil der Erbsen nur wegen dieser Sprossen angebaut. Einfach die Triebspitzen abzwicken und roh oder im Wok kurz in etwas Öl anbraten und verspeisen.

Zuckerschoten

Es gibt niedrig- und hochwachsende Zuckerschoten. Man sät früh, sobald der Boden im Frühling getrocknet ist. Hohe Sorten bilden größere, schönere Hülsen und sind schmackhafter, aber die niedrigen sind einfacher anzubauen, weil sie nur mit Zweigen gestützt werden müssen. Stecken Sie einfach Reisig über Kreuz, sodass es stabil steht. Ich säe immer eine kleine Reihe frühe niedrige Zuckerschoten, die vor den hohen geerntet werden.

Man kann rohe Zuckerschoten der Länge nach in Streifen schneiden und roh essen oder kurz in Salzwasser blanchieren. Ich mag sie am liebsten, wenn sie nur ganz kurz in kochendes Salzwasser getaucht wurden.

Zuckermarkerbsen

Zuckermark- oder Zuckerbrecherbsen werden etwas später ausgesät als Zuckerschoten. Man kann sowohl die Hülsen als auch die entwickelten Erbsen essen. Es gibt niedrige und hohe, frühe und späte Zuckerbrecherbsen.

Palerbsen

Frische Palerbsen sind eine Delikatesse. Man sollte sie unbedingt am selben Tag essen, an dem sie geerntet wurden, sonst verlieren sie ihre Süße. Wenn ich im Garten sitze und Erbsen enthülse, komme ich mir etwas extravagant und altmodisch vor, eigentlich sollte ich eine Schürze tragen und Alma heißen und alles über Konservierung wissen. Eine Schale frisch geerntete und enthülste Erbsen ist etwas Feines. Palerbsen sind während der Keimung kälteempfindlich und sollten nicht zu früh ausgesät werden, erst dann, wenn man auch Bohnen setzt. Mein Tipp für die Zubereitung: kurz kochen, mit Butter, Salz und einer Prise Zucker versehen und abschließend mit fein gehackter Minze bestreuen.

Bohnen

Vor Nachtfrost du nicht sicher bist, bis die Kalte Sophie vorüber ist … Bohnen sollten erst nach den Eisheiligen gesetzt werden, so habe ich es gelernt. Es gibt zwei Gründe dafür, dass man Bohnen nicht setzen soll, bevor der Sommer vor der Tür steht. Erstens faulen die Samen leicht, anstatt zu keimen, wenn der Boden kälter als 12° Celsius ist, und zweitens können die zarten Pflänzchen bei Nachtfrost großen Schaden erleiden. Wenn man die Bohnen erst nach den Eisheiligen sät, sind sie vor Frostnächten relativ sicher. Das gilt für die meisten Bohnensorten, nur Dicke Bohnen können schon früher, also auch in den kalten Boden gesät werden.

Säen oder pflanzen Sie bis Mitte Juni mehrere Sätze Buschbohnen, das verlängert den Erntezeitraum. Wenn man alle Bohnen pflückt, die an einer Pflanze wachsen, kann man drei bis vier Wochen lang ernten. Genau wie Erbsen soll man oft durchpflücken, während der Erntezeit alle zwei Tage, da die Pflanze mehr Blüten und damit Früchte ansetzt, wenn man oft erntet. Geizen Sie nicht mit dem Abstand. Bohnen brauchen mindestens 50 Zentimeter zwischen den Reihen, um sich gut entwickeln zu können.

Es gibt eine große Auswahl an Sorten. Ein Teil wächst in Reihen wie kleine Büsche, andere müssen klettern. Die meisten Bohnensorten sind jedoch niedrig, nur Stangen- und Feuerbohnen schlingen sich empor und brauchen eine Rankhilfe. Der Vorteil von Stangenbohnen ist, dass sie weniger Platz brauchen, außerdem sehen sie im Küchengarten einfach schön aus.

Grüne Bohnen, Schnitt- und Wachsbohnen

In Frankreich, dem Land des Savoir vivre, kann man sehr junge grüne Bohnen bundweise kaufen. Bei uns sind solche feinen, dünnen Boh-

Erntefest. Ich pflücke fast jeden Tag Wachsbohnen.

SCHNITTBOHNEN NIÇOISE

Die Bohnen schräg in Streifen schneiden. Zwiebeln und Knoblauch in Olivenöl anbraten. Die Bohnen hinzufügen und anbraten. Tomaten (frisch geschälte oder aus der Dose) untermischen. Bei geschlossenem Deckel langsam köcheln lassen, bis alles fertig ist. Ab und zu in den Topf schauen, damit nichts ansetzt und gegebenenfalls etwas Wasser zugießen. Es dauert circa 20 Minuten, bis die Bohnen weich sind, also länger, als wenn man sie im Wasser kocht. Mit Salz und Pfeffer abschmecken, dazu ein gutes Brot – perfekt!

nen selten, daher lohnt sich der Eigenanbau. Ernten Sie die Grünen Bohnen, wenn sie noch nicht ausgewachsen sind, selbst wenn man sich fast schämt, dass sie noch so winzig sind. Kurz angebraten oder blanchiert, mit Butter und Zitrone oder einem guten Olivenöl abgeschmeckt sind sie eine Delikatesse.

Schnittbohnen sind breite Stangenbohnen. Man sollte sie ernten, wenn sie ganz platt sind, bevor sie in den Hülsen Bohnen bilden. Sie sind im Supermarkt teuer und bringen einen hohen Ertrag, gleich zwei Gründe, sie selbst anzubauen. Jeden August möchte ich das Vergnügen haben, sie mit Zwiebeln, Knoblauch und frischen Tomaten im Salat zu genießen.

Bei Wachsbohnen wartet man mit der Ernte, bis sie gelb sind. Probieren Sie auch die schönen violetten Bohnen!

Dicke Bohnen

Wenn der Spargel der König des Gemüses ist, ist die Dicke Bohne, auch Ackerbohne genannt, die Königin. Eigentlich eine Königinmutter, die ihre Kinder geschützt in ihren prallen Hülsen wiegt.

„Vicia faba" ist eine uralte Kulturpflanze, die schon unsere Vorväter ernährte. In den Ländern um das Mittelmeer spielen Ackerbohnen – frisch oder getrocknet – im Alltag eine genauso wichtige Rolle wie bei uns Kartoffeln. Sie sind gesund und enthalten viel Eiweiß.

Ackerbohnen gehören zu den dankbarsten Gemüsen, die man anbauen kann. Säen Sie die Aussaatbohnen in Reihen, sobald die Erde getrocknet ist. Drücken Sie die Samen fünf Zentimeter tief in die Erde, angießen. Fertig.

Welch eine Bohnenpracht! Stangenbohnen, Schnittbohnen und Brechbohnen schmücken den Küchengarten. Ganz unten Ackerbohnen, die zweimal geschält werden müssen.

Säen Sie einfach nach, wenn in der Reihe Pflanzen nicht gekeimt sind und Lücken entstehen. Man kann Ackerbohnen auch im Haus in Töpfen vorziehen. Dicke Bohnen vertragen im Gegensatz zu allen anderen Bohnen auch Frost und wachsen in fast jedem Boden, sind aber dennoch dankbar für eine Düngergabe, die das Wachstum anregt. Ihre Stängel sind kräftig und werden ungefähr einen Meter hoch. Wenn an den Spitzen der Triebe schwarze Blattläuse auftauchen, kann man die Schädlinge einfach loswerden, indem man die Spitzen abzwickt – vorausgesetzt, die Pflanzen haben ihre Endhöhe erreicht.

Frische Ackerbohnen müssen zweimal geschält werden. Erst werden sie aus ihrer dick wattierten Hülse gebrochen und anschließend die dünne Schale von jeder Bohne geschält. So ist die Bohne eine Delikatesse, die den Vergleich mit Spargel nicht scheuen muss. Kochen Sie die Bohnen nur kurz, etwa eine Minute, dann bleiben sie schön grün und zart und schmecken süßlich. Ich esse sie mit Butter und Salz oder in einem leckeren Salat. Man kann sie auch kochen, ohne die innere Schale entfernt zu haben, das geht etwas schneller und funktioniert gut, wenn man die Bohnen kalt essen möchte.

In Griechenland wird der Frühling und der Frühsommer gefeiert, indem man rohe Ackerbohnen als „Mezze" serviert – ein Snack zum Ouzo. Jeder bricht seine Hülsen selbst auf. In Italien werden die jungen Bohnen roh mit mildem Pecorino, Salz und Olivenöl verspeist. Sie schmecken pikant und lecker. Wenn man sie jung isst, braucht man sie nicht zu schälen, sondern nur zu enthülsen.

Zuckermais

Mais verträgt keinen Frost und wird am besten vorgezogen. Setzen Sie die Pflanzen nicht zu früh nach draußen, am besten warten Sie bis Ende April oder Anfang/Mitte Mai. Härten Sie sie ab, indem Sie die Pflanzen jeden Tag eine Zeitlang in die Sonne stellen, wenn sie etwa 20 bis 30 Zentimeter hoch sind.

Zwischen den Pflanzen reichen 40 Zentimeter und zwischen den Reihen 60 Zentimeter Abstand. Wenn man sie in Vierer- oder Dreierverbänden pflanzt, können sie sich leichter befruchten. Stehen sie in einer Reihe, bleiben die Kolben kahl oder lockerkörnig, wenn zum Zeitpunkt der Befruchtung nur Seitenwind herrscht. Mais braucht viel Wärme und Nährstoffe. Kurze Trockenheit verträgt er recht gut, aber wenn die Pflanzen zu blühen begonnen haben, sollte der Boden nicht austrocknen, sonst geht der Ertrag zurück. Seitentriebe werden vorsichtig abgebrochen. Man sollte Mais nicht jedes Jahr an derselben Stelle anbauen. Wenn man unter den Pflanzen jätet, darf man nicht zu tief hacken, da die Wurzeln flach wachsen und leicht beschädigt werden können. Häufeln Sie um die Pflanzen herum etwas Erde an, das erhöht die Stabilität.

Wenn sich die Kolben neigen und die Borsten an der Spitze braun werden, kann man die Schale etwas öffnen und den Mais probieren. Ist der Saft in den kleinen Körnern weiß und milchig, dann sind sie reif. Brechen Sie die Kolben ab und essen Sie sie innerhalb weniger Stunden nach der Ernte, dann sind sie am allerbesten. Es gibt viele Maissorten, die je nach Zuckergehalt sehr unterschiedlich schmecken.

Je süßer der Mais, umso besser schmeckt er. Die sogenannten Zuckermais-Sorten enthalten wesentlich mehr Zucker als gewöhnlicher Futtermais. Man sollte allerdings keine unterschiedlichen Sorten nebeneinander pflanzen, sonst befruchten sie sich untereinander.

Früher habe ich frischen Mais nur gekocht oder gegrillt gegessen, das wurde aber auf Dauer ziemlich langweilig. Schneiden Sie die Körner einmal mit einem Messer ab und blanchieren Sie sie. Nur mit Butter und Salz abgeschmeckt eine Köstlichkeit mit einzigartigem Geschmack, der nicht mit dem von tiefgefrorenen Körner vergleichbar ist. Frischer Mais ist zarter, weicher und süßer. Pro Kolben rechne ich mit 60 bis 90 Gramm Maiskörnern. Roh lässt sich Mais gut einfrieren, sowohl die Körner als auch die ganzen Kolben. Geben Sie sie – ohne sie vorher aufzutauen – in kochendes Wasser.

Frische Kolben können auch in der Blatthülle zubereitet werden. Einfach vier bis fünf Minuten in ungesalzenem Wasser kochen.

MAIS-SALSA

Salsa ist ein Zwischending aus Salat und Soße. Mischen Sie die gekochten Maiskörner mit sehr fein geschnittenem Gemüse – reifen Tomaten, grüner Paprika, grünem Chili, roter Zwiebel und viel frischem Koriander. Dazu ein Dressing aus Olivenöl, Limettensaft, Knoblauch und Salz anrühren, alles vermischen und eine halbe Stunde ziehen lassen, damit sich die Aromen entfalten können.

FENCHEL, STANGENSELLERIE, ARTISCHOCKEN UND MANGOLD

Beeindruckende Prunkstücke im Küchengarten sind Artischocken und Fenchel. In meinem Küchengarten ist Abwechslung in Farbe und Form wichtig. Ich liebe den hübschen Gewürzfenchel und die Reihen mit weißen, knubbeligen Knollenfencheln. In Kombination mit Artischocken und ihren schweren, stacheligen Knospen weckt das Assoziationen an Schlossgärten und südlichere Gefilde. Auch Mangold sorgt mit seinen leuchtenden Stängeln für Farbakzente, schließlich darf und soll ein Küchengarten auch schön sein!

Fenchel

Beim Fenchel unterscheidet man zwei Formen: Der schlanke Gewürzfenchel („Foeniculum vulgare") wird als Heil- und Gewürzpflanze angebaut. Blätter, Stängel und Samen können verwendet werden. Es gibt auch eine bronzeblättrige Variante, die sehr dekorativ ist. Der Knollenfenchel („Foeniculum Dulce") hat den gleichen leichten und angenehmen Geschmack nach Lakritz wie sein Verwandter, bringt aber mit seiner dicken Knolle mehr auf den Teller.

Fenchel kann vorkultiviert oder direkt draußen ausgesät werden, allerdings erst spät im Mai, wenn sich der Boden erwärmt hat. Der Vorteil der Vorkultur besteht darin, dass man

Fenchel schmeckt besonders fein, wenn man ihn in kleine Stücke schneidet, mit Sahne, Salz, Pfeffer und geriebenem Parmesan in eine Form gibt und ihn bei 200° Celsius für 30 bis 45 Minuten im Ofen backt.

die Beete sehr gründlich von Unkraut befreien kann, bevor man pflanzt. Säen Sie den Fenchel in diesem Fall im März in Schalen auf der Fensterbank aus und pflanzen Sie die Setzlinge Ende Mai in den Garten. Dabei dürfen die Wurzeln nicht gestört werden, sonst „schießt" der Fenchel, beginnt also vorzeitig zu blühen. Für die Herbsternte wird etwa Mitte Juni, also um Johanni (24. Juni), direkt gesät. Fenchel wächst wie Blumenkohl und Brokkoli im Herbst nicht so stark, kann ziemlich lange auf dem Beet stehen bleiben und auf die Ernte warten. Der Gemüsegarten wird sozusagen zur Speisekammer. Ausgewachsener Fenchel verträgt sogar ein paar Minusgrade.

Fenchel hat gemäßigte Nährstoffansprüche, eine Grunddüngung ist vollkommen ausreichend. Aber er braucht viel Wasser und mag es nicht, wenn die Erde trocken wird. Fenchel kann auch in Blumenbeeten zwischen Sommerblumen und Stauden wachsen, so attraktiv ist er mit seinen feinen Blattwedeln. Pflanzen Sie die Setzlinge im Abstand von 30 Zentimeter zwischen den Pflanzen und 40 bis 50 Zentimeter zwischen den Reihen.

Fenchel stammt ursprünglich aus dem Süden, ist aber an kürzere und kühlere Sommer angepasst. Daher sollten nur Sorten angebaut werden, die im hiesigen Klima gedeihen wie „Fino" für das Frühjahr und „Sirio" für den Anbau im Herbst.

Fenchelsamen, die man von einem Italienurlaub mitgebracht hat, keimen zwar, bilden aber nur platte Knollen und blühen schnell. Er kann gegessen werden, ist aber nicht so schön rund wie normaler Fenchel.

Fenchel kann in Eintöpfen und Suppen verwendet werden, sein Aroma ist markant und

ITALIENISCHER FENCHELSALAT

Fenchel in hauchdünne Scheiben schneiden und auf eine große Platte legen. Mit Salzflocken bestreuen und gutes Olivenöl darüberträufeln. Zum Schluss noch über alles Parmesan hobeln – eine perfekte Vorspeise!

passt doch irgendwie zu fast allen anderen Zutaten. Ich blanchiere ihn meist und gratiniere ihn dann mit Käsesauce oder brate ihn vorsichtig mit Zwiebeln und Knoblauch in Olivenöl an, gebe Tomaten hinzu und lasse das Ganze bei geschlossenem Deckel langsam schmoren. Fenchel schmeckt auch als Rohkost.

Artischocken

Artischocken sind so attraktiv, dass man sie getrost im Blumengarten pflanzen kann, aber sie brauchen viel Platz. Man kann sie selbst säen – schon sehr früh im Januar oder Februar. Nach drei bis vier Wochen brauchen die kleinen Pflanzen viel Licht. Pflanzen Sie sie einmal um, und setzen Sie sie Mitte Mai nach draußen, wenn die Pflanzen ungefähr handtellergroß sind. Sie vertragen Frost recht gut, wenn man sie abhärtet und schrittweise an die Außentemperatur gewöhnt hat. Die Pflanzen werden groß, der Pflanzabstand sollte nicht weniger als 100 Zentimeter betragen. Artischocken sind Tiefwurzler und bevorzugen einen bis in die Tiefe nährstoffreichen Boden mit reichlicher Kompostversorgung.

Artischocken können ihre Verwandtschaft zu Disteln nicht verleugnen. RECHTE SEITE: „Green Globe" sollte bereits im Februar ausgesät werden.

Die erste Artischocke, die an der Spitze der Pflanze sitzt, erscheint meist bereits im Juli. Danach bilden sich im Spätsommer und Herbst weitere Knospen an den Seitentrieben. „Green Globe", „Große von Laon" und „Orlando" überstehen hiesige Winter unter einer Vliesabdeckung meist ohne größere Schäden. In raueren Klimagebieten können Sie Sorten wie „Imperial Star", „Vert de Provence" und „Vert Globe" auch einfach einjährig ziehen, denn sie bilden schon im ersten Sommer viele Blütenknospen. Gedüngt wird Ende Mai, wenn die Pflanzen schon etwas herangewachsen sind.

Waschen Sie die Artischocken vor dem Kochen gut, zwischen den Blättern versteckt sich allerlei Getier. Die großen französischen Artischocken brauchen 35 bis 40 Minuten Kochzeit, während die kleinen innerhalb von 10 bis 15 Minuten fertig sind. Gar sind sie, wenn sich die Blätter beim Ziehen leicht lösen. Norma-

lerweise isst man die Artischocken ganz: Man zieht die Blätter durch die Zähne und isst zum Schluss den leckeren Boden, den man erst von den kleinen Flaumhaaren aus dem Inneren der Blüte befreien muss. Butter, Salz und Zitrone passen gut dazu. Man kann Artischocken auch kalt mit etwas Balsamico-Essig genießen.

Stangensellerie

Stangensellerie muss vorkultiviert werden. Säen Sie ihn im Februar oder Anfang März aus. Wichtig ist eine gleichmäßige Temperatur in der Anzuchtphase. Pflanzen Sie ihn nicht zu früh aus, sonst entwickeln die Pflanzen Blüten, es darf kein Nachtfrostrisiko mehr bestehen. Halten Sie zwischen den Pflänzchen 30 Zentimeter Abstand, zwischen den Reihen 50 Zentimeter. Stangensellerie ist so hübsch, dass er sich auch als Einfassungsbepflanzung gut macht. Dank der mäßigen Nährstoffansprüche gedeiht er auf fast jedem Boden. Früher wurde er Bleichsellerie genannt.

Stangensellerie wird nach und nach geerntet. Man bricht einfach so viele Stängel ab, wie gerade gebraucht werden. Daher reichen meist zwei bis drei Pflanzen zur Deckung des normalen Bedarfs aus. Wer gerne italienisch kocht, braucht allerdings mehr Stangensellerie. Er wird zusammen mit Petersilie, Zwiebeln und Knoblauch für „Soffrito" verwendet, feingehackte Kräuter und Gemüse, die als Basis für Soßen, Eintöpfe und Suppen in Olivenöl gebraten werden.

Zarter Stangensellerie schmeckt auch roh, beispielsweise zusammen mit Blauschimmelkäse und Nüssen.

Mangold

Mangold wird am besten direkt ins Beet gesät. Säen Sie ihn nicht zu früh aus, sonst blüht er vorzeitig. Da die Samen unregelmäßig keimen, sollten sie dichter gesät werden, überzählige Pflanzen dünnt man aus. Mangold braucht viel Platz, 15 bis 20 Zentimeter zwischen den Pflanzen sind ideal. Er stellt keine größeren Anforderungen an den Boden und ist sehr leicht anzubauen. Auch in schlechten Gemüsejahren hatte ich immer eine große Mangolderte. Die Blätter werden nach und nach gepflückt, die Anbausaison ist also lang. Mangold kann überwintern und liefert im Frühjahr viele kleine, zarte Blättchen. Wenn der Mangold zu blühen beginnt, wird die Pflanze gerodet.

Mangold gehört zu den attraktivsten Gemüsen überhaupt. Meist sieht man grüne Sorten mit weißen oder roten Blattstielen und Adern. Es gibt auch Mangold mit gelben, pink- und orangefarbenen Stängeln. Wird zu viel auf einmal erntereif, können sie den überschüssigen Mangold kurz blanchieren und in Gefrierbeuteln tiefkühlen. In der französischen Küche findet man ihn häufig, dort werden meist die Stängel verwendet. Servieren Sie ihn mit Butter, Salz und Zitrone, genau wie frischen Spargel.

Mangold ist ein tolles Gemüse, das man in Suppen, Quiches oder Lasagne verwenden kann. Mangold schmeckt am besten, wenn man ihn zuerst blanchiert und dann mit Zwiebeln und Knoblauch in etwas Öl anbrät. Der Unterschied ist riesig! Für Suppen ist das jedoch nicht notwendig. Dann kann man ihn einfach in Streifen schneiden und am Ende des Kochprozesses untermischen.

Mangold „Bright Lights" mit extrem kräftigen Farben. „Charlotte" ist ein Mangold mit roten Stängeln. Ich habe die Erfahrung gemacht, dass die bunten Sorten früher zu blühen beginnen als die alten weißstieligen. Aber sie machen sich einfach gut im Beet ...

TOMATE, PAPRIKA, CHILI, GURKE UND MELONE

Mein Großvater war Gärtner und ich habe die Sommer meiner Kindheit damit verbracht, in Bewässerungsbassins zu schwimmen, im Gewächshaus Schildkröten zu halten und Tomaten zu stibitzen. Ich fand ziemlich schnell heraus, welche die leckersten waren – sie waren oben etwas dunkel und grün gestreift. Der Geschmack war intensiv – süß und gleichzeitig so sauer, dass es fast im Mund schmerzte. Davon träume ich noch immer.

Tomaten

Es gibt so viele verschiedene Sorten zum Ausprobieren: süß, salzig oder säuerlich wie Hagebutten. Die beste Tomate ist für viele „Brandywine". Sie ist ein Klassiker, eine große, feste, rosa Fleischtomate. Sie wurde von den Amischen in den USA schon vor einigen Hundert Jahren angebaut.

Wenn man Tomatenpflanzen selbst ziehen will, sollte man sie nicht zu früh aussäen, frühestens ab Ende März/Anfang April. Verwenden Sie Aussaaterde und säen Sie nicht zu tief. Bedecken Sie die Samen mit etwa doppelt so viel Erde, wie die Samen groß sind. Anfangs sollte es warm sein, mindestens 20 bis 22° Celsius. Sobald die Keimlinge dicht an dicht stehen, werden sie vereinzelt. Setzen Sie sie dann etwas tiefer in die Erde und stellen Sie sie in einen hellen und etwas kühleren Raum, damit sie nicht vergeilen.

In einem Gewächshaus kann man Tomaten schon Anfang Mai auspflanzen, im Garten wartet man die Eisheiligen ab. Man sollte in Maßen gießen, damit die Erde nicht zu stark auskühlt. Die Pflanzen vertragen zwar kühle Nächte bis 5° Celsius, aber keinen Frost. Wenn es kalt zu werden droht, stellt man Teelichter oder eine Öllampe ins Gewächshaus. Die Temperatur sollte nie über 30° Celsius steigen. Öffnen Sie bereits bei 20° Celsius Türen und Fenster und lüften Sie.

Stabtomaten, die angebunden werden müssen, werden mit 50 Zentimeter Abstand gepflanzt. Wenn die Pflanzen zu lang und schmal sind, kann man sie tief pflanzen, sie bilden am Stamm schnell Wurzeln. Man bindet die Tomaten auf, indem man im Gewächshaus längs einen dicken Binde- oder Zaundraht oder eine Schnur über den Tomatenpflanzen befestigt.

LINKE SEITE: Tomaten, Tomaten, Tomaten! Oben links „Costoluto fiorentino", oben rechts „Paul Robeson", unten links „Inca" und unten rechts „Roma".

Daran bindet man eine weitere Schnur, die man am unteren Teil der Tomatenpflanze befestigt. Wenn die Pflanze wächst, windet man sie nach und nach um die Schnur, damit sie stabil steht. Seien Sie mit dem Gießen anfangs vorsichtig! Zum einen, damit die Erde nicht auskühlt, und zum anderen, damit die Pflanze gezwungen wird, ein großes, tiefreichendes Wurzelsystem zu entwickeln. Später gießt man reichlich und lässt die Erde immer trocknen, bevor man wieder gießt. Es macht nichts, wenn die Pflanze kurz den Kopf hängen lässt. Tomaten werden immer von unten gegossen, nie über die Blätter, um einem Befall mit Pilzkrankheiten vorzubeugen. Man kann auch alle unteren Blätter der Pflanze entfernen. Während der ganzen Saison brauchen Tomaten viel Pflege, sie müssen ordentlich aufgebunden werden. Geiztriebe, die zwischen Stamm und Zweigen wachsen, müssen entfernt und große Blätter abgepflückt werden, die die Sonne für die reifenden Früchte verdecken.

Wenn Weiße Fliegen oder Läuse auftreten, spritzt man mit Kali-Seifen-Präparaten oder versucht sie loszuwerden, indem man sie mit Wasser abspritzt. Wenn die Blätter gelb werden, kann das daran liegen, dass die Pflanzen mehr Nährstoffe brauchen. Wenn die Blätter frisch grün sind, aber ihre Ränder sich nach innen biegen, hat die Pflanze wahrscheinlich sogar zu viel Stickstoff.

Sobald die Tomaten zu reifen beginnen, sollte man die Bewässerung verringern, um zum Schluss, im September, ganz oder fast ganz damit aufzuhören. So wird der Geschmack intensiver. Der Nachteil ist, dass die Schalen der Tomaten dicker werden. Im August sollte das Gewächshaus Tag und Nacht offenstehen, damit sich weder Feuchtigkeit noch Kondenswasser niederschlagen. Dies verringert auch das Risiko, dass die Tomaten am Stielansatz aufplatzen.

Auch ohne Gewächshaus kann man Tomaten anbauen, es gibt viele gute Freilandsorten. Mit dem Auspflanzen wartet man, bis kein Nachtfrost mehr zu erwarten ist. Stellen Sie die Tomatenpflanzen vorher schon tagsüber in ihren Töpfen nach draußen, damit sie abgehärtet werden und sich an die Außentemperatur gewöhnen können. Am besten gedeihen Tomaten in windgeschützter Südlage, geschützt vor einer Wand. Strauch- oder Buschtomaten tragen weniger, sind nicht so empfindlich und müssen auch nicht ausgegeizt werden. Setzen Sie die Pflanzen mit 60 Zentimeter Abstand. Auch Strauchtomaten brauchen in irgendeiner Form eine Stütze, auch wenn sie vor einer Wand wachsen. Bewährt hat sich ein hohes Gestell mit einem Draht am Ende, an dem sie aufgebunden werden. Nach dem vierten Fruchtstand die Spitze abschneiden, dann reifen die Früchte besser. Achten Sie darauf, große Blätter zu entfernen, damit die Sonne die Früchte ausreichend bescheinen kann. Im Frühsommer können Sie die Pflanzen in kühlen Nächten mit Gartenvlies abdecken. Es gibt auch Kirschtomaten und Stabtomaten, die für den Freilandanbau geeignet sind.

Tomaten für den Frischverzehr sollten nach Möglichkeit an der Pflanze ausreifen, sie halten sich dann aber nur ein paar Tage. Im Spätherbst werden alle Früchte, auch die noch

grünen, abgeerntet. Sie können auf der Fensterbank in der Sonne nachreifen.

Wer eine große Tomatenernte und viel Platz im Gefrierschrank hat, kann auch ganze, unbeschädigte Tomaten einfrieren. Wenn man sie dann verwenden möchte, legt man sie, noch gefroren, kurz in kochendes Wasser, dann platzt die Schale und lässt sich leicht abziehen. Genauso werden auch frische Tomaten, die man schälen möchte, behandelt. Mein Tipp: Vorher die Schale kreuzweise einschneiden, dann löst sie sich noch leichter.

Paprika

Paprika wird bereits im Februar ausgesät. Er braucht zum Keimen Wärme, sollte aber etwas kühler stehen als Tomaten, vor allem wenn sich die ersten Blätter zeigen. Gießen Sie die Pflänzchen nicht zu viel, sonst erhalten die Wurzeln zu wenig Sauerstoff.

Paprika wächst am sichersten und besten im Gewächshaus, aber auch im Beet oder in einem Folientunnel. Bei mir stehen die Paprika draußen in großen Töpfen. Das geht recht gut, aber die Ernte hält sich in Grenzen. Vorteil: Wenn eine Kälteperiode kommt, kann man sie vorübergehend ins Haus holen.

In trüben, verregneten Sommern verlieren Paprikapflanzen ihre Blüten, dagegen kann man nichts tun. Wer die Möglichkeit hat, kann versuchen, einen Teil der Pflanzen im Gewächshaus und den anderen Teil im Freien an-

LINKE SEITE: Diese lange, milde Paprika heißt „Pinokkio". RECHTS: Meine eigene Paprikazucht brachte zwar nur bescheidene Ernte ein, aber ich war trotzdem stolz.

LAUWARME KIRSCHTOMATEN

1 Bund Petersilie
1 Bund Basilikum
½ kg Kirschtomaten
50 ml Olivenöl
1–2 Knoblauchzehen
Salz

Kräuter und Knoblauch fein hacken. Das Öl in einer großen Pfanne oder einem Wok erhitzen, Knoblauch, Tomaten und zum Schluss die Kräuter hinzufügen und umrühren, bis alles warm ist. Mit Salz abschmecken. Es sollte schnell gehen, damit die Tomaten nicht aufplatzen.

OFENPAPRIKA

Mein bestes Paprikarezept – und kinderleicht: Halbieren Sie die Schoten und entfernen Sie die Kerne. Mit halbierten Kirschtomaten, dünnen Knoblauchscheiben und ein paar zerkleinerten Sardellen füllen, mit Olivenöl beträufeln, salzen und pfeffern und bei 175° Celsius für eine Stunde in den Ofen schieben. Lecker als Vorspeise oder Beilage. Schmeckt kalt oder warm als Vorspeise und Beilage; am besten lauwarm und mit Kräutern garniert.

zubauen. Nehmen Sie dafür eine robuste Sorte. Es gibt unendlich viele Paprikasorten. Paprika mögen dieselbe Erde wie Tomaten, sie sollte nährstoffreich, aber nicht zu stickstoffreich sein. Kuhmist zur Düngung ist gut. Paprika brauchen einen regelmäßigen Nährstoffzuschuss, vor allem, wenn die Pflanzen im Topf wachsen.

Wenn die Pflanzen richtig loswachsen, wird die erste Blüte, die Königsknospe, entfernt, damit sich die Pflanze verzweigt und mehrere Seitentriebe (drei bis vier stehen lassen) mit Blüten bildet (und später Früchten). Man darf nicht zu gierig sein und sollte nie zulassen, dass sich an den Seitentrieben mehr als eine Frucht bildet. Die übrigen Fruchtstände werden entfernt, die Seitentriebe ein Blatt über der Frucht abgeschnitten. Man kann auch nur Stammfrüchte zulassen: Dann muss man alle Fruchtstände an den Seitentrieben entfernen und diese über dem ersten Blatt kürzen. Die Früchte an den Seitentrieben werden kleiner als die Stammfrüchte. Am Anfang und Ende der Erntezeit kann man die unreifen grünen Paprikaschoten pflücken und die restlichen rot, gelb oder orange werden lassen.

Paprikapflanzen werden oft von Blattläusen befallen. Verwenden Sie biologische Spritzmittel auf Kali-Seifen-Basis. Die Läuse haben eine Wachsschicht auf dem Rücken, die von der Seife aufgelöst wird. Folgen Sie den Anweisungen genau. Probieren Sie das Produkt an einem Blatt aus, um zu sehen, wie viel die Pflanze verträgt. Nie in direktem Sonnenlicht spritzen, denn dann können die Blätter verbrennen. Man kann nicht damit rechnen, dass alle Läuse sterben, aber doch der Großteil. Vermeiden Sie Wasser auf den Blättern, sonst droht Pilzbefall.

Chili und Peperoni

Chili wird genauso angebaut wie Paprika, ist aber viel pflegeleichter. Chilipflanzen werden nicht oder kaum geschnitten oder ausgedünnt, die Pflanze trägt viele Früchte. Man muss auch die Seitentriebe nicht schneiden, außer sie werden zu lang. Die langlebigen Chilis lassen sich auch auf der Fensterbank im Haus ziehen, vorausgesetzt, es ist hell genug. Im Sommer kann man den Topf auf den Balkon oder in den Garten stellen.

Es gibt unglaublich viele Sorten. Samen können Sie aus frischen oder getrockneten Früchten sammeln, aber auch aus gekauften Schoten. Die Pflanzen lassen sich ebenso einfach durch Stecklinge vermehren. Chilischoten können sehr unterschiedlich aussehen, grün und schrumpelig, lila und spitz oder rund und rot wie kleine, unschuldige Bällchen. Die Schärfe hängt von der Menge an Capsaicin ab. Oft ist der Capsaicingehalt umso höher, je kleiner die Früchte sind.

Chilis lassen sich ganz einfach trocknen. Dazu die Früchte auf eine Schnur fädeln und trocken und luftig aufhängen. Nach dem Trocknen dunkel verwahren. Man kann auch ganze Früchte einfrieren. Denken Sie daran, dass die Kerne am schärfsten sind. Man kann sie aber gut entfernen. Denken Sie bitte auch daran, dass man Hände, Messer und Schneidbretter immer gut abwaschen muss, wenn man Chili

OLIO SANTO

Eine rote Chilischote trocknen lassen, leicht zerstoßen und dann in Olivenöl einlegen. Nach einer Woche kann man das Öl durch ein Sieb gießen, kann es aber auch so verwenden. Lecker zu Pasta!

Es gibt Hunderte verschiedene Chilisorten in unterschiedlichen Farben und Schärfegraden. Von links nach rechts „Sunflame", „Peruvian Purple" und „Medina". Chili lässt sich auch gut im Topf in der Wohnung anbauen. Die Pflanze lässt sich leicht überwintern und kann einfach über Stecklinge vermehrt werden.

geschnitten hat, sonst kann es unangenehme Überraschungen geben. Besonders wichtig ist es, sich mit ungewaschenen Händen nicht die Augen zu reiben.

Gurken

Gurken lieben Sonne, Wasser und einen warmen, durchlässigen, nährstoffreichen Boden. Die Erde sollte am besten so feucht sein, dass etwas Wasser zwischen den Fingern hervorquillt, wenn man sie in der Faust zusammendrückt. Sie sind etwas heikel, denn sie wollen zwar diese Feuchtigkeit, aber gleichzeitig mögen sie es um den Wurzelhals trocken. Das klingt widersprüchlich, aber man sollte aufpassen, dass man nicht zu viel gießt, und man sollte sie nicht am Stamm gießen, denn dann kann Wurzelhalsfäule auftreten.

Gurkensamen keimen schnell; es reicht, sie circa vier Wochen vor dem Auspflanzen zu säen. Die beste Keimtemperatur liegt ein paar Grad über normaler Zimmertemperatur. Um die Pflanzen nicht zu stören, kann man sie in kleine Presstöpfe säen, die man später in größere Töpfe setzt. Beim Umpflanzen sollte die Erde luftig und fest sein, aber nicht zu dicht. Wenn man Platz hat, sät man direkt in große Gefäße. Die beste Gurkenerde besteht aus reifem Kompost und Stallmist. Gurken sollten nicht immer in derselben Erde wachsen, sondern jedes Jahr den Platz wechseln, damit sich Krankheiten nicht ausbreiten können.

Wenn man Treibhausgurken im Gewächshaus kultiviert, bindet man sie auf, um Platz zu sparen, aber man kann sie auch in Frühbeeten bodendeckend ziehen. Mulchen Sie in diesem Fall die Erde mit Stroh. Treibhausgurken müssen beschnitten werden. Profizüchter entfernen anfangs alle Seitentriebe und Fruchtstände bis zum siebten Blatt, damit die Gurke stark und kräftig wird und lange Zeit Früchte tragen kann. So rigoros muss man im Garten nicht schneiden, aber es ist gut, die ersten kleinen Gurken zu entfernen, sodass die Gurke stattdessen ihre Kraft ins Wachsen legt. Wenn man im Gewächshaus anbaut, schneidet man die Spitze der Pflanze ab, wenn sie das Dach berührt.

Zurzeit baue ich meine Gurken in Frühbeeten an. Meine bevorzugte Sorte heißt „Suyo Long" und trägt reichlich Früchte. Fünf Pflanzen reichen völlig aus, um mit vielen leckeren Gurken versorgt zu sein.

Gurken gedeihen auch im Freiland. Die vorgezogenen Jungpflanzen werden Mitte/Ende Mai ausgepflanzt, nachdem sie ihr drittes Blatt bekommen haben und dann sorgfältig abgehärtet wurden. In der ersten Zeit mit Gartenvlies bedecken. Gurkenpflanzen brauchen 20 bis 25 Zentimeter Abstand zwischen den Pflanzen und 100 bis 150 Zentimeter zwischen den Reihen. Anfangs vorsichtig gießen, damit sich die Wurzeln aktiv den Weg in tiefe, feuchte Bodenschichten suchen.

Kleine Gurkensorten, die zum Einlegen verwendet werden, kommen in milderen Regionen auch ohne Schutz im Freiland zurecht. Es gibt Sorten, die nicht bestäubt werden müssen, weil sie nur weibliche Blüten entwickeln. Sie sind sehr ertragreich und vertragen mehr Kälte, müssen also nicht dauerhaft mit Vlies abgedeckt werden. Diese „parthenokarpen" Sor-

„Suyo Long" heißt die leckere, stachelige Gurke, die ich jedes Jahr in meinem Frühbeet anbaue.

ten dürfen nicht neben Sorten mit männlichen Blüten stehen, sonst kommt es zur Kreuzbefruchtung, was zu missgebildeten Gurken führt.

Melonen

Am Duft und Gewicht erkennt man, ob eine Melone reif ist. Man wiegt sie also am besten in der Hand und hält die Nase auf die kleine Rille neben den Schaft. Die Melone ist reif, wenn sie unten etwas weich ist und nach Melone riecht. Bei Wassermelonen ist es komplizierter, da muss man anstelle der Nase die Ohren verwenden. Man klopft dagegen und horcht auf den Klang: Wenn die Melone reif ist, klingt sie hohl, ansonsten hört man nur einen stumpfen, kompakten Laut.

Die Melone ist die Diva unter den schüchternen, nützlichen und tüchtigen Küchengartenpflanzen wie Kartoffeln, Zwiebeln und Mangold. Sie breitet sich flach auf der fettesten Erde aus und fordert dennoch jede Menge Aufmerksamkeit und Pflege. Melonen brauchen viel Platz, man muss sie warmhalten und befruchten, und dennoch ist das dürftige Resultat eines Sommers oft nur eine oder wenige Früchte. Aber hat man einmal eine Melone probiert, die an der Pflanze vollständig reifen

LINKE SEITE: Melonen im Gewächshaus sind die Kür des Gemüsegärtners, eine Herausforderung, deren Ergebnis jeden Aufwand lohnt. Melonen werden oft als kriechende Pflanzen angebaut, die flach in den Beeten liegen. Eine aufgebundene Kultur mit hängenden Früchten ist aber nicht nur praktischer, sie sieht auch schöner aus. Legen Sie die Melonen in Hängekörbe, das erleichtert die Pflanze! Oben und unten links „Charentais", oben rechts „Jenny Lind" und unten rechts „Sweet Granite".

durfte, weiß man, dass sich all die Mühen gelohnt haben.

Kaufen Sie vorgezogene Jungpflanzen oder säen Sie die Melonen im Haus ungefähr vier Wochen vor dem Auspflanzen aus. Die meisten Sorten brauchen ein Frühbeet oder ein Gewächshaus, das für ausreichend Wärme sorgt. Um Krankheiten zu vermeiden, sollten Sie Melonen niemals in Beete pflanzen, in denen schon vorher Melonen wuchsen. Eine Methode ist, zwei Pflanzen in einem Sack Pflanzerde anzubauen. Stechen Sie unten vier Drainagelöcher in den Sack und schneiden sie oben zwei Löcher für die Pflanzen hinein. Ästheten decken die Säcke mit Stroh ab. Man kann natürlich auch eine eigene Melonenerde herstellen, indem man normale Erde mit Kompost mischt, damit sie durchlässiger wird. Melonen werden ausgepflanzt, wenn die Temperaturen warm und stabil sind, zum gleichen Zeitpunkt wie Gurken. Melonen sind keine Wasserpflanzen, sagt der Gärtner, sie sollten weder zu viel gedüngt noch zu viel gegossen werden, sonst verlieren sie an Geschmack. Gießen Sie sie anfangs maßvoll, bis die Pflanzen Früchte angesetzt haben. Verringern sie die Wassergaben nach und nach und hören Sie Ende August ganz auf zu gießen, wenn die Früchte langsam reif werden. So werden die Früchte süß und duften aromatisch, ganz so, wie man sie sich erträumt.

Wenn im oder vor dem Gewächshaus Blumen wachsen und die Tür offensteht, können Melonen von vorüberfliegenden Insekten befruchtet werden. Ansonsten hilft man ihnen etwas auf die Sprünge, indem man mit einem kleinen Pinsel das Innere der Blüten betupft, zuerst in die männliche und dann in die weibliche. Oder man drückt eine männliche Blüte gegen die weibliche. Woher man weiß, welche die männlichen und welche die weiblichen Blüten sind? Das ist genau wie bei den Menschen, sagte mein Gärtner: Die männlichen sind größer, aber sie sitzen unsicher, nur an einem dünnen Faden. Die weiblichen sind seltener und runder, ungefähr halb so groß wie die männlichen und haben einen kleinen Fruchtansatz hinter der Blüte.

Melonen müssen geschnitten werden. Lassen Sie die Seitentriebe wachsen, bis sich eine weibliche Blüte entwickelt hat. Ein Blatt nach der Blüte stehen lassen und die Ranke dahinter abschneiden. Jede Pflanze kann vier bis sechs Früchte entwickeln. Am häufigsten werden Melonen auf dem Boden liegend angebaut, man kann sie aber auch aufbinden, um Platz zu sparen. Wenn die Früchte schwer werden, brauchen sie Stütze in Form von kleinen Netzkörben, die man im Dach aufhängt. Früchte, die auf dem Boden liegen, müssen ab und zu gedreht werden, damit sie nicht faulen. Legen Sie sie auf Stroh oder auf eine Glasscheibe.

Es gibt eine Wassermelonen-Sorte namens „Sugar Baby", die man in warmen Sommern sogar im Freien anbauen kann. Die klassische Netzmelone mit ihrer geäderten Schale und dem leuchtend orangefarbenen Fruchtfleisch ist mein Favorit. Servieren Sie sie mit Joghurt, Walnüssen und Honig oder füllen Sie die Frucht mit Beeren.

RECHTE SEITE: Einfach, aber perfekt als Sommerdessert: Melone mit Zitronensaft und Minze

MELONENSALAT MIT ZITRONE UND MINZE

Für 4–6 Personen
80 g Zucker
50 ml Wasser
Saft von ½ Zitrone
Ein paar Stängel frische Minze
1 richtig reife Melone (keine Wassermelone)

Zucker und Wasser zu Sirup kochen, abkühlen lassen und den Zitronensaft untermischen. Auch Limettensaft ist geeignet. Minze in Streifen, Melonen in Spalten oder kleinere Stücke schneiden, den Zuckersirup darübergießen und mit gehackter Minze bestreuen.

GEFÜLLTE MELONE MIT PORTWEINHIMBEEREN

Himbeeren ein paar Stunden in Portwein marinieren. Den Deckel einer schönen Netzmelone abschneiden und die Kerne ausschaben, Himbeeren in die Melone geben und bis zum Servieren kalt stellen. Aufschneiden und die Melonenspalten zusammen mit den Beeren servieren.

WASSERMELONE MIT ROSÉ

Eine Wassermelone aushöhlen und eine Flasche Rosé hineingießen. Wer möchte, vermischt etwas fein gehacktes Fruchtfleisch mit dem Wein. Für ein paar Stunden, nicht länger, in den Gefrierschrank stellen. Den Melonendeckel darauflegen, die Frucht vorsichtig zusammen mit etwas Proviant in den Fahrradkorb stellen und los geht es zu einem schönen Picknick mit Freunden!

ZUCCHINI, KÜRBIS UND HOKKAIDO

Zucchini, Kürbis und Winterkürbis sind herrliche Gemüsesorten. Sie liegen unter ihren Blättergirlanden, wachsen und wachsen und inspirieren uns, neue Rezepte zu erfinden. Ich erinnere mich noch an die Zeit, als alle glaubten, Zucchini sollten riesengroß werden, bevor man sie erntet. Heute wissen wir, dass sie am besten schmecken, wenn sie noch ganz jung sind. Kürbisse sind eher lustig als lecker, aber Winterkürbisse zählen zu meinen Favoriten!

Zucchini

Wenn man selbst Zucchini anbaut, kann man – wenn man will – nur die kleinen, noch unreifen Früchte verwenden. Am besten schmecken sie, wenn sie nicht größer als zehn bis zwölf Zentimeter sind. Zucchini sind einfach anzubauen und bilden so viele Früchte, dass man sich wirklich den Luxus gönnen kann, die Früchte schon zu ernten, wenn sie noch klein sind.

Man kann Zucchini vorkultivieren oder direkt säen – wenn sich der Boden erwärmt hat. Zucchini mögen wie die übrigen Gemüsearten aus der Familie der Gurkengewächse einen warmen, sonnigen, nährstoffreichen und feuchten Platz, gedeihen aber auch noch ganz gut, wenn nicht alle diese Kriterien erfüllt sind. Pflanzen Sie Zucchini auf Kompost. Eine Mulchschicht aus Stroh oder Grasschnitt hält die Feuchtigkeit. Nach kurzer Zeit ist die Pflanze so groß, dass sie mit ihren Blättern den Boden selbst bedeckt. An ein und derselben Pflanze gibt es männliche und weibliche Blüten, verwenden Sie die männlichen für Salat oder frittieren Sie sie. Sie haben keine Fruchtanlagen und sind gut zu erkennen. Man kann auch die weiblichen Blüten essen, wenn die Frucht einmal zu wachsen begonnen hat. Die Blüte mit der kleinen Frucht daran ist eine besondere Delikatesse. Kurz in Olivenöl anbraten, etwas frischen Zitronensaft darüber pressen, fertig.

Für eine normale Familie reichen drei bis vier Zucchinipflanzen. Zucchini nicht neben Kürbis anbauen, sonst bestäuben sich die Pflanzen gegenseitig und die Zucchini schmecken bitter.

Kürbis

Als Gott die Kürbisse schuf, lachte er sicher und klopfte sich auf den Bauch. Es sind schöne Früchte, aber ich finde eigentlich nicht, dass sie so besonders gut schmecken. Sie sind vor allem lustig und schön anzusehen. Man kann die Samen vorziehen oder direkt in gut aufgewärmte Erde säen.

Kürbisse sind Starkzehrer. Ein Komposthaufen ist ein besonders guter Platz für Kürbisse. Dort wachsen sie besonders üppig, die Blätter

LINKE SEITE: „Ushiki Kuri" ist eine gute Wahl – ein hübscher Hokkaido-Kürbis, den man lange lagern kann.

bedecken die Erde und verhindern, dass Unkraut durchkommt.

Kürbisse schmecken meist eher neutral, man muss sie würzen, mit Zimt, Nelke, Muskat und Ingwer. Ich mache manchmal Kürbissuppe oder eine Kürbistarte als Dessert.

Hokkaido

Hokkaido oder Winterkürbisse sind ein absolutes Highlight im Küchengarten. Es macht Spaß, sie anzubauen, sie wachsen unglaublich schnell und bilden schöne Früchte, die fast den ganzen Winter über halten können. Am besten lagert man die Früchte dazu in der ersten Woche warm, bei 25 bis 30° Celsius. Dann bilden sie eine schützende Haut außen an der Schale und können danach in einem kühlen Keller eingelagert werden.

Es gibt viele Sorten, zwischen denen man wählen kann. In einem Samenkatalog fand ich einmal 15 verschiedene Winterkürbisse: japanische tropfenförmige, orangefarbene runde, dunkelgrüne, graugrüne, die nach Kastanie schmecken … so verführerisch! Winterkürbisse brauchen mehr Wärme als normale Kürbisse. Normalerweise wachsen sie ungeschützt im Freiland, bei rauem Klima können sie unter Gartenvlies angebaut werden. Dann muss man allerdings während der Blütezeit das Vlies tagsüber abnehmen, damit die Blüten befruchtet werden können.

Winterkürbis schmeckt ausgezeichnet und hat eine ganz andere Konsistenz als gewöhnlicher Kürbis. Ich brate oder backe ihn im Ofen und träufele gern japanische Sojasoße darüber. Er schmeckt auch gut in Currygerichten.

PASTA MIT WINTERKÜRBIS

Für 4 Personen
½ kg Hokkaido
2 Zwiebeln
1 Knoblauchzehe
2 EL Kapern
6–7 Kirschtomaten
ca. 300–400 g Pasta, z.B. Orecchiette
50 g geriebener Parmesan oder Pecorino
Gutes Olivenöl

Den Hokkaido putzen, die Kerne entfernen und in kleine Stücke schneiden, er muss nicht geschält werden. Ein paar Minuten in Salzwasser kochen. Zwiebeln und Knoblauch hacken und in Olivenöl anbraten. Kapern und halbierte Tomaten untermischen. Die Pasta kochen, alles in einer Schüssel vermengen, geriebenen Käse zufügen. Mit Olivenöl beträufeln.

GEFÜLLTE ZUCCHINI

Kleine Zucchini pflücken – sie sollen nicht länger als 12 bis 13 Zentimeter sein. Zwei Minuten kochen und sofort mit kaltem Wasser abschrecken. Pinienkerne, Petersilie, Basilikum und Knoblauch vermischen, dann im Mörser zerstoßen. Man kann auch eine Küchenmaschine verwenden. Mit Olivenöl beträufeln und mit Salz abschmecken, bis man ein ziemlich festes Mus hat. Die Babyzucchini längs einschneiden und so viel Mus wie möglich hineingeben. Fertig!

Gefüllte Zucchini gehören zu den größten Delikatessen des Sommers.

DIE UNENTBEHRLICHE ZWIEBEL

Zwiebeln stehen auf meiner Liste der unentbehrlichen Gemüse ganz oben. Wie soll man nur ohne auskommen? Was wären Frikadellen, eingelegter Hering oder Gulasch ohne Zwiebeln? Was wären Braten und Suppen ohne diese goldgelbe Basis? Zwiebeln anzubraten ist fast immer der Beginn des Kochens und für mich auch der genussvollste Teil. In der Zwiebel stecken Erwartung, Poesie und Geheimnis.

Wenn Sie Zwiebeln anbauen wollen, pflanzen Sie am besten Steckzwiebeln. Man kann sie auch selbst aussäen, entweder direkt ins Beet oder zur Vorkultur im Haus. Die Direktsaat hat den Nachteil, dass in der Keimzeit der Zwiebeln oft das Unkraut überhandnimmt. Man sät früh aus, schon im Februar. Die kleinen Pflänzchen müssen dann einmal pikiert und umgepflanzt werden. Der Vorteil der eigenen Anzucht ist, dass gesäte Zwiebeln robuster und gesünder werden. Auch ist die Auswahl an Sorten größer. Der Nachteil ist, dass sie viel Platz brauchen, der dann für andere Anzuchten fehlt.

Wenn man Steckzwiebeln verwendet, sollte man den ersten Satz früh pflanzen. Zwiebeln gehören zu den ersten Pflanzen, die man in die Erde setzen kann. Setzen Sie die Zwiebeln recht dicht, im Abstand von fünf bis sechs Zentimetern zwischen den Zwiebeln, aber mit 40 Zentimetern zwischen den Reihen. Setzen Sie sie flach, die Spitze sollte noch knapp aus der Erde ragen. Zwiebeln brauchen keinen besonders nährstoffreichen Boden – bei zu viel Stickstoff bilden sie nur zu viel Kraut, die Zwiebel reift später und lässt sich nicht gut einlagern.

Ich fange mit der Ernte an, sobald die ersten anschwellen, und verwende die ganze Zwiebel mit Blättern und Stiel im Salat. Steckzwiebeln, die ich nicht gleich brauche, lagere ich kühl, um sie im nächsten Satz anbauen zu können.

Meine Zwiebeln werden über den Sommer verbraucht, aber wenn man eine große Ernte hat, kann man sie den ganzen Winter einlagern. Wenn das Kraut zu welken beginnt, ist es Zeit, die Zwiebeln herauszuziehen. Lassen Sie sie auf dem Beet liegen, bis sie getrocknet sind. Es ist wichtig, dass der Blattansatz richtig eintrocknet und sich schließt. Entfernen Sie dann die lose Erde und lagern Sie die Zwiebeln trocken und kühl. Wenn das Wetter feucht ist, muss man sie im Haus oder einem Schuppen trocknen.

Zwiebeln sind anfällig für Krankheiten und Schädlinge. Die häufigsten Probleme sind Pilzbefall oder Zwiebelfliegen. Pflanzen Sie die Zwiebeln nicht zu dicht, sondern luftig, dann verringern sich die Risiken. Manchmal entwickeln sich keine Zwiebeln, oder die Pflanzen fangen an zu blühen. Trotz all dieser Probleme bekommt man meist ausreichend Ernte.

Schalotten sind mild und unentbehrlich in der Küche. Sie haben dieselben Ansprüche wie Zwiebeln, brauchen aber mehr Wärme und bilden keine Samen. Sie teilen sich wie Knoblauch, und man kann leicht sein eigenes Pflanzgut heranziehen. Schalotten gibt es in runder oder länglicher Form, die sich weder im Aroma noch in der Pflege unterscheiden.

Frische Zwiebeln sind nicht so scharf wie getrocknete und Schalotten und rote Zwiebeln milder als braune. Es gibt verschiedene Metho-

TSATSIKI MIT ROTEN ZWIEBELN

Diese griechische Soße ist eine Lieblingsspeise meiner Familie und wird das ganze Jahr über immer und immer wieder zubereitet. Sie passt zu allem: zu Fleisch, Fisch, hartgekochten Eiern und Gemüse.

Für 4 Personen:
1–2 rote Zwiebeln
ca. 1 TL Salz
200 g griechischer Joghurt

Zwiebeln schälen und in Scheiben schneiden, auf einen Teller legen und Salz darüberstreuen. Mindestens 10 bis 15 Minuten ziehen lassen, am besten noch etwas länger. Anschließend die Zwiebeln unter fließend kaltem Wasser abspülen, abreiben und auswringen. Durch Salz und Wasser wird der Zwiebel die Schärfe genommen. Mit Joghurt mischen und beispielsweise zu gebackenen Kartoffelspalten servieren.

den, Zwiebeln milder zu machen. Man kann sie in dünne Scheiben geschnitten eine Stunde in kaltem Wasser oder in Öl einlegen. Ich finde, die beste Methode ist, ordentlich Salz auf die Zwiebelscheiben zu geben, diese mindestens eine halbe Stunde ziehen zu lassen und dann mit kaltem Wasser abzuspülen. Zwar werden sie etwas schlaff, aber sie sind dann mild und lecker und ideal für Salate.

Braune oder rote Zwiebeln bereite ich auf zwei unterschiedliche Arten zu: entweder frisch und leicht gedünstet mit Butter und Salz oder in der Schale im Ofen gebacken zusammen mit Butter und Salz.

Knoblauch

Es gibt wenige Pflanzen, die Knoblauch in ihren positiven medizinischen Eigenschaften übertreffen. Es ist empfehlenswert, Pflanzgut zu kaufen. Einerseits, um Krankheiten zu vermeiden, andererseits, um eine Sorte zu bekommen, die sich gut für die jeweiligen klimatischen Bedingungen eignet. Knoblauchzehen aus dem Supermarkt kommen oft aus südlichen Gefilden und sind nicht an unser Klima angepasst. Pflanzen Sie Knoblauch früh im Herbst, sodass er Wurzeln bilden kann, bevor der Bodenfrost kommt. Die Zehen sollten mit der Spitze nach oben circa fünf Zentimeter tief in die Erde gesteckt werden, mit 15 Zentimeter Abstand zwischen den Zehen und mit 25 Zentimetern zwischen den Reihen. Es kann passieren, dass sich der Knoblauch bereits im Herbst zeigt, aber das macht nichts.

Lassen Sie ihn über den Winter bis zum nächsten Sommer stehen. An den Boden stellt Knoblauch keine besonderen Ansprüche, er sollte aber nährstoffreich sein. Bei Trockenheit sollte man gießen und im Spätfrühling auch ein bisschen düngen.

Die Knoblauchernte kann schon im Frühsommer beginnen, noch bevor sich Blüten gebildet haben. Der Knoblauch sieht zu dieser Zeit aus wie Lauch. Wenn das Kraut Ende Juli oder Anfang August zu welken beginnt, ist es Zeit, die Knollen herauszuziehen. Vergisst man dies, beginnen sich die Zehen zu teilen. Bei der Ernte sollte man vorsichtig sein und die Knollen nicht beschädigen. Wenn man will, kann man sie abspülen. Anschließend für ungefähr eine Woche zum Trocknen auslegen, bei Regen jedoch hereinholen. Jeweils etwas sieben Knollen zu Zöpfen binden und an einer luftigen Stelle zum Nachtrocknen an Haken aufhängen.

Das Schöne beim Eigenanbau von Knoblauch ist, dass man ihn ernten kann, wenn die Knollen noch frisch sind. Dann sind sie mild im Geschmack und haben noch keine harte Schale zwischen den Zehen. Ich kann nicht genug davon bekommen.

Wenn man Knoblauch presst, ist der Geschmack intensiver als beim Hacken. Ich presse ihn nur noch selten. Stattdessen lege ich die Zehe auf das Schneidbrett und drücke sie mit dem Messer platt. Danach schneide ich den Knoblauch in dünne Scheiben. Es besteht ein großer Geschmacksunterschied zwischen ro-

PICADA

Picada ist eine katalanische Soße, die zu Gemüse, Fleisch und Krustentieren gleichermaßen schmeckt.

Für 4 Personen
45 g Mandeln
20 g Petersilie
2 Knoblauchzehen
50 ml Olivenöl
Salz

Mandeln überbrühen, schälen und in einer trockenen Pfanne rösten, dann in einem Mörser zerstoßen. Petersilie, Mandeln und Knoblauch vermischen, dann langsam das Öl untermischen, bis eine dicke, grüne Soße entsteht. Mit Salz abschmecken.

LINKE SEITE: Selbst angebauter Knoblauch

Lauch macht auch im Beet eine gute Figur.

hem und leicht erhitztem Knoblauch. Hacken Sie ihn und braten Sie ihn kurz in Öl an, dann wird er mild und vereint sich leicht mit anderen Aromen. Einer meiner Favoriten zu Pasta ist eine Menge dünn geschnittener Knoblauch, Chili und Petersilie – das Ganze leicht angebraten in reichlich Olivenöl.

Lauch

Am einfachsten ist es, im Frühling vorgezogene Lauchpflanzen zu kaufen. Wenn man Lauch selbst aussäen möchte, beginnt man Ende Fe-bruar oder Anfang März. Die Pflanzen sollten, sobald sie aus der Erde spitzen, hell und kühl stehen. Freunde von mir säen ihren Lauch immer in leere Milchpackungen mit kleinen Löchern im Boden. Da die Pflanzen lange im Haus stehen müssen, ist eine tiefe Erdschicht hilfreich. Schneiden Sie die Spitzen ab, sodass die Pflanzen nicht größer als sechs bis sieben Zentimeter sind. Pflanzen Sie sie nicht zu früh aus – sonst blüht der Lauch vorzeitig. Warten Sie, bis kein Nachtfrost mehr droht, und gewöhnen Sie die Pflanzen langsam an das Leben im Freien, indem Sie sie abhärten und ein paar Tage lang immer eine Weile draußen stehen lassen – jeden Tag etwas länger. Pflanzen Sie ihn tief in gute Erde, die locker sein sollte, damit sich die kleinen Wurzeln leicht ausbreiten können. Wenn man großen, kräftigen Lauch haben möchte, sollte man zwischen den Pflanzen 13 bis 14 Zentimeter Abstand lassen. Will man dünne Stangen, setzt man sie dichter. Man kann Lauch gut bleichen, indem man etwas Erde entlang der Reihen aufhäuft oder ihn mit Stroh oder Grasschnitt bedeckt.

Es gibt Sorten für den Anbau im Herbst und im Winter. Man sät sie gleichzeitig und pflanzt sie auch gleichzeitig aus. Es ist gut, beide Sorten zu haben. Herbstlauch wird groß und kräftig, während der Winterlauch, der im Beet überwintern kann, kleiner bleibt. Mulchen Sie die Winterlauchpflanzen mit Herbstlaub und bedecken Sie sie mit Stroh. Dann kann man sie getrost draußen lassen, wenn der Winter nicht zu streng ist. Man kann den Lauch im Herbst auch mitsamt den Wurzeln ausgraben, oben etwas reinigen und viel dichter in ein ungeheiztes Gewächshaus pflanzen. Decken Sie ihn auch hier gut ab.

Lauch kann direkt ins Beet gesät werden. Er bleibt dann kleiner, ist aber robuster.

Lauch braucht relativ viel Dünger. Düngen Sie ihn Anfang August und eventuell noch einmal ein paar Wochen später mit stickstoffreichem Dünger wie Hühnerdung. Lauch ist anfällig für Zwiebelfliegen und Drahtwürmer, die nur nachts zum Fressen herauskommen. Wenn man Ende Juli oder Anfang August angefressene Blätter entdeckt, kann man nachts mit der Taschenlampe hinausgehen und das Ungeziefer aufsammeln. So mancher Gärtner träumt davon, eine Krähe einzustellen, die mit schief gelegtem Kopf an den Lauchreihen entlanghopst, aufmerksam in die Erde horcht, um sich ab und zu blitzschnell hinunterzubeugen und eine Larve zu schnappen.

Lauch ist ein vielseitig verwendbares Gemüse. Wenn man zu viel Herbstlauch geerntet hat, kann man ihn in Stücken einfrieren, ohne ihn vorher zu blanchieren. Im Winter und Frühling gebe ich Lauch in den Salat, dünn in Scheiben geschnitten. Man kann Lauch auch kochen und mit Butter und Salz essen, ihn gratinieren oder in Eintöpfe, Quiches und Suppen geben. Wenn man Lauch wäscht, sollte man ihn der Länge nach durchschneiden. So kann Erde und Sand auch zwischen den innersten Blättern entfernt werden.

LAUCH NIÇOISE

Viele meiner besten Gemüsegerichte tragen den Beinamen niçoise. Das bedeutet bei mir, dass sie zusammen mit Tomaten und Knoblauch gekocht werden.

Kleine Lauchstangen in Olivenöl anbraten, den Deckel schließen, fünf bis zehn Minuten braten, dabei gelegentlich wenden. Pro Lauchstange eine Tomate überbrühen und häuten, in Stücke schneiden und zusammen mit gehacktem Knoblauch und je einer Prise Zucker, Salz und Pfeffer vermengen. Noch eine Weile köcheln lassen. Abkühlen lassen und eine Zitrone darüber pressen. Zuletzt Petersilie zufügen, am besten glatte.

ASIATISCHE BLATTGEMÜSE

Wer die asiatische Küche mit ihren kurz gebratenen Zutaten mag, wird viel Freude an diesen Blattgemüsen haben. Vor allem die Kohlsorten fühlen sich im kühlen, feuchten Herbst besonders wohl und verlängern die Erntesaison um viele Monate.

Am besten sät man asiatische Kohlsorten in der zweiten Jahreshälfte, ab Mitte Juli. Beginnen Sie mit der Ernte, sobald die Pflanzen herauskommen, geben Sie ihnen mehr Platz, indem Sie kleine Pflänzchen ausdünnen und aufessen. Die meisten der folgenden Sorten wachsen sehr schnell, sodass man mit dem Ernten und Essen kaum nachkommt. Sie sind sehr frostbeständig und können im Beet bleiben, bis der erste Schnee kommt. Eigentlich sind sie pflegeleicht, aber da sie so viele Blätter produzieren sollen, brauchen sie reichlich Dünger und Wasser. Die asiatischen Kohlsorten sind, wenn auch in geringerem Maße, anfällig für Schädlinge, vor allem für Erdflöhe und Kohlweißlingsraupen.

Es gibt sehr viele Arten und Sorten: Pak Choi, Chinesischen Sellerie oder den blühenden Choy Sum. Hier folgt nur eine kleine Auswahl. Probieren Sie eine oder mehrere gleichzeitig, und verwenden Sie sie nicht nur für asiatische Gerichte – wie alle grünen Blätter schmecken sie lecker in Suppen, Quiches oder warmen und kalten Salaten. Braten Sie sie in verschiedenen Ölen und würzen Sie sie mit Kräutern und Zitronensaft. Viele haben ein relativ neutrales Aroma und passen mindestens genauso gut in italienische Gerichte wie in chinesische oder thailändische.

Shungiku ist eine essbare Chrysanthemenart, die man aussäen kann. Im Unterschied zu manch anderen asiatischen Blattgemüsen gedeiht sie auch im Sommer gut. LINKE SEITE: Pak Choi „Green Boy" bringt reiche Ernte und eignet sich gut für den Wok.

Shungiku

Shungiku ist eine essbare Chrysantheme, die ich lieben gelernt habe. Sie wächst üppig und bringt reichliche Ernte. Im Unterschied zu anderen Kohlsorten kann sie während der warmen Sommermonate immer wieder ausgesät werden, fühlt sich aber auch im Herbst wohl. Man verwendet Blätter, Stängel und Triebe, der Geschmack ist mild und „grün", mit einem würzigen Duft wie Chrysanthemen. Am besten erntet man Shungiku, wenn sie 20 bis 30 Zentimeter hoch ist. Doch sie kann auch noch verwendet werden, wenn sie schon blüht. Die Blüten sind gelb und hübsch. Ich brate Shungiku meist in etwas Öl oder dämpfe sie kurz.

Mizuna

Mizuna, Kyona oder Japankohl, wie er auch genannt wird, wächst wirklich schnell. Man kann ihn nach und nach aussäen, aber auch mehrmals ernten. Er wächst auch nach, wenn man ihn nicht zu tief abschneidet. Die Blätter sind lang und gezahnt und können roh in Salate gegeben oder kurz angebraten werden, was ich vorziehe. Mizuna schmeckt mild nach Kohl mit einer leichten Schärfe nach Senf.

Mibuna ist ein naher Verwandter des Mizuna, hat aber längere, lanzettförmige Blätter. Pflücken Sie diese nach und nach.

Pak Choi

Pak Choi ist in vielen Teilen der Welt verbreitet. Es gibt mehrere Varianten, alle bestehen aus kräftigen, knackigen grünen Blättern mit saftigen Stängeln. Sie sind mild und schmecken am besten direkt aus dem Wok mit etwas Sojasoße.

Tatsoi ist eine Variante des Pak Choi. Er ist niedriger und wächst schneller. Seine Blätter stehen nicht so dicht zusammen.

Chinakohl

Chinakohl ist ein Gemüse mit schlechtem Ruf, weil er oft falsch verwendet wird. Ich finde, roh als Salat schmeckt er nicht gut. Schneiden Sie ihn lieber in grobe Streifen und kochen Sie ihn eine halbe Minute in Brühe, dann wird er richtig lecker! Außerdem ist er sehr einfach anzubauen: Säen Sie ihn Mitte Juli direkt ins Beet, gießen Sie regelmäßig und schützen Sie ihn mit Gartenvlies. Er ist anfällig für Kohlhernie, wechseln Sie also jedes Jahr den Anbauplatz und geben Sie Algenkalk auf die Erde. Es gibt verschiedene Sorten, manche haben geschlossene Köpfe, andere offene.

RECHTE SEITE: Bei diesen Blattgemüsen handelt es sich um verschiedene Kohlsorten – „Brassica". Sie vertragen Kälte und liefern bis weit in den Herbst hinein gute Ernte. Oben: „Brassica rapa var. chinensis Hon Tsai Thai", eine Komatsuna-Sorte und ein Sareptasenf „Red Giant". Untere Reihe: „Brassica rapa var. japonica namonia" und schließlich ein Mizuna-Kohl. Es ist schwer, sich die Namen all dieser Blätter zu merken!

IM KOHLGARTEN

Plötzlich kehrt uns der Sommer den Rücken zu, Licht und Farben werden satter und der Kohl steht majestätisch im Beet. Weiße Schmetterlinge flattern über dem Küchengarten. Um welkende Blumen surren Bienen und die letzten jungen Meisen verlassen den schützenden Nistkasten. Alles deutet darauf hin, dass das Jahr langsam zu Ende geht. Aber die Larven im Beet, die Kapuzinerkresse und Kohl lieben, befinden sich in der Mitte des Lebens. Ich stehe zwischen den Pflanzen und sehe die Zerstörung. Sie krabbeln über die Blätter und fressen und fressen. Sollen sie doch. Ich sehe das jetzt entspannter.

Alle Kohlarten haben lange Wurzeln und brauchen daher Platz nach unten, um gut wachsen zu können. Die Erde sollte reich an Stickstoff und Kalium sein. Düngen Sie den Boden vor der Pflanzung und versorgen Sie ihn im Sommer noch einmal mit Nährstoffen, dann wird der Kohl schön. Der Boden sollte unbedingt kalkhaltig sein, denn das verringert das Risiko eines Befalls mit der Kohlhernie, einer gefürchteten Wurzelkrankheit. Man soll Kohl nie zwei Jahre hintereinander auf demselben Beet anbauen, denn dann erhöht sich das Risiko. Idealerweise wartet man sieben Jahren, bis wieder Kohl auf das Beet kommt. Wenn man Kohlhernie im Boden hat, kann man in der Erde viele Jahre lang keinen anderen Kohl als den resistenten Grünkohl anbauen.

Kohlpflanzen leben gefährlich und werden aus allen Richtungen attackiert, Schnecken kommen von unten und Tauben von oben, von all den Kohlfliegen, Kohlweißlingen, Blattläusen, Erdflöhen und Rapskäfern ganz zu schweigen, die wie aus dem Nichts auftauchen. Außer-

Ein Kohlweißling nimmt auf einer Verbene Platz.
LINKE SEITE: Rotkohl zwischen Löwenmäulchen in einem klassischen Bauerngarten

Ein effektiver Schutz gegen den Kohlweißling

dem wird Kohl von einer ganzen Armada an Viren und Pilzkrankheiten befallen. Eine ausgewogene Düngung und Bewässerung sowie Netze bieten zumindest teilweise Schutz. Eine starke, gesunde Pflanze kommt mit Angriffen von Insekten besser zurecht. Wenn sie eine Zeit lang in der Erde gestanden haben, kann man die Pflanzen alle zwei Wochen mit Düngerwasser gießen. Gedeiht der Kohl nicht gut, haben Sie vermutlich zu wenig gedüngt. Kohl muss bei Hitze und Trockenheit gegossen werden, deshalb fühlt er sich im Frühling und Herbst am wohlsten, in kühlem, feuchtem Klima.

Wenn man sich über diese düsteren Aussichten grämt, kann man sich trösten lassen: Kohl hat einen unglaublichen Überlebenswillen, und auch wenn er angegriffen wird, kann man noch ausreichend ernten, wenn man nur genug angebaut hat.

Es ist am besten, junge Kohlpflanzen zu kaufen oder selbst vorzuziehen. Überlegen Sie genau, wo der Kohl gepflanzt werden soll; manche Sorten wie Rosenkohl und Grünkohl bleiben im Winter auf den Beeten. Er eignet sich sehr gut für Breitsaat und muss dann nicht pikiert werden. Kohlpflanzen müssen tief und fest eingepflanzt werden. Sie sollten so fest in der Erde sitzen, dass man ein Blatt abreißen kann, ohne dass die ganze Pflanze aus dem Boden kommt.

Blumenkohl

Blumenkohl ist ein wunderbares, aber etwas heikles und durchaus anspruchsvolles Gemüse. Der Boden sollte von Anfang an nährstoffreich und locker sein – am liebsten hat der Blumenkohl Hochbeete mit lockerer Erde, in der er seine Wurzeln ausbreiten kann, aber er gedeiht auch in normalen Beeten. Man muss regelmäßig gießen, sonst entwickeln sich die Köpfe nicht richtig. Damit der Blumenkohl weiß und fest wird, braucht er kräftiges Blattwerk, in dem er sich verstecken kann. Das erfordert während der Wachstumszeit viel Stickstoff. Gießen Sie mit Düngerwasser. Neue Hybridsorten sollen nicht ganz so viel Stickstoff brauchen wir die alten Sorten.

Am besten kultiviert man ihn vor oder kauft fertige Pflanzen, da Erdflöhe die kleinen Pflänzchen im Beet fressen können. Nehmen Sie eine mittelspäte Sorte, sie haben einen festeren Kopf und entwickeln größere Wurzelsysteme. Säen Sie vier bis sechs Wochen, bevor Sie die Pflanzen nach draußen setzen. Für eine Herbsternte kann man bis Mitte Juni aussäen. Setzen Sie die Pflanzen nicht zu spät hinaus, sonst stocken sie im Wachstum und kommen nur schwer wieder in Gang. Pflanzen Sie sie mit circa 45 Zentimeter Abstand aus, 60 Zentimeter zwischen den Reihen. Es ist am sichersten, sie unter einem dünnen Vlies vor Insektenangriffen zu schützen. Wenn der Blumenkohl

BLUMENKOHL MIT SALSA VERDE

Für 4 Personen
1 großer Kopf Blumenkohl
2 TL Salzflocken
6 Knoblauchzehen
100 ml Olivenöl
2 TL Kapern
15 g fein gehackte Petersilie
2 TL Weißweinessig

Blumenkohlröschen in Salzwasser drei Minuten kochen und die Röschen halbieren oder vierteln. Auf eine große Platte legen. In einem Mörser oder mit der Küchenmaschine erst die Salzflocken, dann die Knoblauchzehen zerstoßen. Tropfenweise das Olivenöl zufügen. Die restlichen Zutaten untermischen und die salzige grüne Soße über dem weißen Blumenkohl verteilen.

langsam reif ist, muss man aufpassen, dass der weiße Kopf nicht hervorschaut und der Sonne ausgesetzt ist, sonst kann er sich verfärben. Legen Sie die Blätter darüber, sodass der Kopf verborgen bleibt. Der weiße Blumenkohl ist so hübsch unter den hellgrünen Blättern, aber es gibt auch leckere lindgrüne Sorten. Man kann auch Mini-Blumenkohl anbauen, dann muss man absolut nicht traurig sein, wenn die Köpfe nicht groß werden. Ungefähr zehn Zentimeter Durchmesser sind perfekt, man rechnet pro Person mit einem ganzen Kopf. Servieren Sie ihn mit Butter und geriebenem Parmesan. Übrigens kann man Blumenkohl ohne vorheriges Blanchieren einfrieren, genau wie Brokkoli.

Brokkoli

Brokkoli ist einfach anzubauen, zumindest einfacher als Blumenkohl. Trotzdem braucht er viel Wasser und einen nährstoffreichen Boden, beim Heranwachsen gerne auch ein paar Zusatznährstoffe. Man kann ihn nach und nach säen und auspflanzen oder direkt im aufgewärmten Boden aussäen. Brokkoli lässt sich auch noch Ende Mai/Anfang Juni vorziehen, um im September eine herrliche Herbsternte zu erhalten. Wie die meisten Kohlsorten mag er kühle und feuchte Sommer und schmeckt im Herbst eigentlich am besten.

Es ist sehr wichtig, dass der Brokkoli genug Platz hat, 50 bis 60 Zentimeter zwischen den Pflanzen, damit sich die kleinen Seitentriebe gut entwickeln können. Wenn er ein Stück gewachsen ist, kann man um die Pflanze herum Erde anhäufeln, damit sie stabil steht, aber auch, um der kleinen Kohlfliege vorzubeugen.

Man kann sie natürlich mit Kulturschutznetzen bedecken, diese wirken aber nur, bevor sich die Insekten um die Pflanze herum etablieren konnten. Man kann auch Asche um den Wurzelhals streuen, um es der Kohlfliege schwer zu machen.

Brokkolipflanzen reifen fast gleichzeitig, wenn man also zu viel ausgesät oder gepflanzt hat, muss man sich damit abfinden, eine Zeit lang jeden Tag Brokkoli zu essen. Deshalb ist es besser, ihn nach und nach auszusäen. Zuerst erscheint der oberste, große Trieb. Schneiden Sie ihn ab, solange die Blütenknospen noch fest verschlossen sind. Danach wachsen die Seitentriebe weiter. Ernten Sie kontinuierlich, dann zeigen sich immer mehr Schösslinge. Sie sind klein und zart und eigentlich der beste Teil der Pflanze. Man kann sowohl Blätter als auch Stängel essen. Wenn die Stängel zu grob sind, werden sie geschält. Hat man Brokkoli geerntet, kann man die Köpfchen in Wasser mit ein paar Tropfen Essig legen. Eventuell versteckte Raupen kriechen dann schnell heraus.

Brokkoli ist eine unserer vitamin- und nährstoffreichsten Gemüsesorten. Man kann ihn kochen und mit Butter, Salz und Zitrone servieren. Man kann ihn in Gratins und Quiches verwenden – denken Sie dann nur daran, dass er gut mit Soße oder Teig bedeckt ist, sonst wird

RECHTE SEITE: Ein hübscher kleiner Kohlgarten in einem gemauerten Frühbeet. Man kann die Kohlpflanzen auch nach der ersten Frühbeeternte in den Gemüsegarten setzen. Die Brokkolipflanzen ganz hinten sind frisch abgeerntet, haben aber noch viele Seitentriebe. Ganz vorne sieht man die lockeren Köpfe von Butterkohl.

er im Ofen braun und trocken. Man kann die Seitentriebe und die kleinen Brokkoliröschen dämpfen oder in Öl braten. Wie andere Gemüse auch sollte man Brokkoli nicht zu lange kochen. Kocht man ihn im Ganzen, werden die Blütenknospen weich. Teilen Sie ihn stattdessen in Röschen und schälen und schneiden sie den Strunk. Wenn der Brokkoli kalt verwendet werden soll, beispielsweise in Salaten, sollte man ihn nach dem Blanchieren mit eiskaltem Wasser abspülen, dann wird die grüne Farbe schöner und klarer. Ich liebe Brokkoli mit Sojasoße und Sesam oder mit Knoblauch und Chili.

Wenn man keinen grünen Brokkoli möchte, kann man die violette Sorte „Santee" nehmen. Kocht man sie, verliert sie jedoch leider die Farbe und wird grün.

Romanesco

Romanesco ist ein sehr hübsches und leckeres Gemüse, eine Mischung aus Blumenkohl und Brokkoli. Er ist dicht geschlossen und hat gelbgrüne Spitzen. Säen Sie ihn Mitte Mai und pflanzen Sie ihn einen Monat später aus. Am sichersten ist es, ihn unter Netzen anzubauen.

Spitzkohl

Spitzkohl ist mein absoluter Liebling! Er ist so schön knackig, hellgrün und zart, ein richtiger Leckerbissen. Eigentlich handelt es sich dabei um eine spezielle Weißkohlsorte, aber für mich ist er etwas ganz Besonderes. Spitzkohl wird wie Weißkohl angebaut, der Vorteil ist aber, dass er schnell wächst und deshalb Insektenangriffen besser entgehen kann. Servieren Sie ihn so einfach wie möglich, nur leicht gekocht mit Butter oder Olivenöl und Salz ist er besonders delikat.

Weißkohl und Rotkohl

Weißkohl ist bereits aus dem antiken Rom bekannt. Seit dem Spätmittelalter ist er sehr beliebt, besonders in Form von Sauerkraut. Der „Duft" von Kohl in den Treppenhäusern ist untrennbar mit meiner Kindheit und der von vielen anderen Menschen verbunden. Weißkohl war früher ein wichtiger Bestandteil der Hausmannskost und eine unverzichtbare Vitaminquelle, bevor das ganze Jahr über frisches Gemüse erhältlich war. Säen Sie ihn im Freien, wenn die Erde nach dem Winter getrocknet ist, oder im Frühbeet oder im Haus. Härten Sie die Pflanzen sorgfältig ab, damit sie nicht vorzeitig blühen. Pflanzen Sie die Setzlinge Mitte bis Ende Mai aus. Großer Abstand ist wichtig: 40 bis 50 Zentimeter zwischen den Pflanzen und 50 bis 70 Zentimeter zwischen den Reihen. Zum Schutz vor Insekten mit Netzen abdecken.

Es gibt Weißkohlsorten für den Anbau im Sommer, im Herbst und im Winter. Sommerkohl hat einen milden Geschmack und lässt sich gut in Spalten kochen, um ihn nur mit Butter, Salz und etwas Zitrone zu essen. Normaler Weißkohl ist einfach auf dem Markt oder im Lebensmittelhandel zu bekommen, deshalb baue ich lieber andere, schwer zugänglichcre Sorten an wie Spitzkohl, Butterkohl und Wirsing.

Rahmkohl, Kohlrouladen mit Hackfleisch, Kohlsuppe … Niemand hat je etwas davon in mich hineinbekommen, als Kind war ich ein

SAURER SOMMERKOHL MIT KRÄUTERN

Spitzkohl oder Sommerweißkohl so dünn wie möglich hobeln. Zusammen mit Schalotten in Olivenöl anbraten, ohne dass das Gemüse anbräunt. Mit einem Schuss Weißwein ablöschen und fein gehackte Kräuter dazugeben. Das können Dill, Petersilie und Estragon oder Sommer-Bohnenkraut sein. Man kann auch Salbei verwenden, der dann eine Weile mit dem Kohl und den Zwiebeln angebraten werden sollte. Mit Salz und Pfeffer abschmecken.

Man kann dasselbe mit Herbst- oder Winterkohl machen. Blanchieren Sie in diesem Fall den Kohl erst ein paar Minuten vor. Außerdem kann er noch mehr Säure – etwa in Form von Weißweinessig – vertragen.

NÄCHSTE DOPPELSEITE: Oben von links nach rechts: Blumenkohl, Romanesco, Brokkoli. Untere Reihe: Spitzkohl und eine Mischung aus Weißkohl und Wirsing namens „January King". Großes Bild: Grünkohl „Redbor", der sich auch in jedem Blumenbeet gut macht.

regelrechter Kohlhasser. Im Moment entdecke ich Weißkohl für mich, aber von einer anderen Seite. Ich mag ihn am liebsten mit Säure wie Wein, Essig oder Tomate. Sauerkraut ist wunderbar! Ofengebackener Weißkohl mit Tomaten und Knoblauch ist lecker, auch Weißkohlstreifen mit Zucker und Salz und etwas Essig. Süß, salzig, sauer. Kümmel, Bohnenkraut und Wacholderbeeren sind traditionelle Würzmittel für Kohl. Gebratener Sommerkohl mit Rosinen und grob gehackten Haselnüssen, gewürzt mit der indischen Würzmischung „Garam Masala", ist eine leckere Füllung für Piroggen.

Rotkohl wird wie Weißkohl angebaut. Er wächst vor allem am Anfang langsam und wird nicht so groß wie Weißkohl, daher braucht man weniger Platz zwischen den Pflanzen.

Wirsing

Wirsing ist eine ziemlich robuste Kohlsorte, die auch in sandiger Erde wächst. Die Blätter sind runzelig und dunkelgrün, die inneren gelb. Er scheint weniger anfällig für die Angriffe von Kohlweißlingsraupen zu sein als Weißkohl, es ist aber trotzdem empfehlenswert, ihn abzudecken. Wirsing ist mild und lecker. Er verträgt Kälte und kann sogar unter einer Schneedecke überwintern. Man sät ihn direkt, aber am sichersten ist die Vorkultur. Pflanzen Sie ihn mit 50 Zentimeter Abstand zwischen den Pflanzen, 65 Zentimeter zwischen den Reihen.

Eine besondere Art, Kohl zu lagen, besteht darin, ihn in einem kühlen Raum kopfüber an der Wurzel aufzuhängen. „January King", eine alte englische Kohlsorte, ist eine Mischung aus Wirsing und Weißkohl. Sie ist sehr frostbe-

Palmkohl ist mit seinen dunkelgrünen Blättern eine Zierde für jedes Beet. RECHTE SEITE: Wirsing ist mild und eignet sich besonders gut für unterschiedliche Arten von Rouladen.

PALMKOHL MIT ROSINEN UND NÜSSEN

Den Palmkohl blanchieren, in Streifen schneiden und in etwas Öl anbraten, eventuell zusammen mit einer fein gehackten Knoblauchzehe. Salzen und gelbe Sultaninen sowie grob gehackte Walnüsse untermischen.

ständig und außerdem mit ihren graugrün und lila gefärbten Blättern besonders elegant – eine wunderschöne Farbkombination.

Wirsing schmeckt gut in Suppen, etwa zusammen mit Zwiebeln, Kartoffeln, Tomaten, Bohnen und Olivenöl. Er ist sehr beliebt bei Köchen, um aus den Blättern kleine Rouladen zu machen.

Palmkohl

Plötzlich war er da, in allen Küchengärten, der schwarzgrüne „Cavolo Nero" oder „Black cale" – der Palm- oder Schwarzkohl, wie er auf Deutsch heißt. Er hat eine Renaissance erlebt – obwohl er schon seit dem 19. Jahrhundert angebaut wird. Der Strunk kann einen Meter hoch werden und die Blätter strecken sich breit aus, die Pflanze braucht also viel Platz. Sie sieht wirklich toll aus mit ihrer ungewöhnlichen Wuchsform und den dunklen Blättern – und schmeckt auch noch lecker!

Alle Kohlblätter sind ein Genuss, wenn sie erst ein paar Minuten gekocht und dann in Olivenöl angebraten werden, gerne mit Knoblauch.

Grünkohl und roter Grünkohl

Roter Grünkohl ist tief lila gefärbt, aber sonst in Aussehen, Geschmack und Anbau mit „normalem" Grünkohl identisch. Beim Kochen wird er dunkelgrün und sieht nicht mehr ganz so attraktiv aus. Beide Sorten werden wie andere Kohlarten angebaut und können auch direkt ins Beet ausgesät werden. Harken Sie etwas Knochenmehl und Holzasche in die Erde, damit die Pflanzen genug Kalium und Phosphat bekommen. Das ist jedoch normalerweise kein Problem, Grünkohl wächst auch in normalen Gartenböden gut.

Es ist empfehlenswert, beide Sorten anzubauen. Sie sind attraktiv, weniger anfällig für Schädlinge, vertragen Frost und strenge Kälte und können den ganzen Winter über draußen im Schnee stehen. Und so ganzjährig zu leckeren Gerichten verarbeitet werden!

Säen Sie für eine späte Ernte erst Mitte Juni, im Sommer kann man ohne Grünkohl auskommen, da gibt es so viel anderes.

Grünkohl wird so verarbeitet, dass man die Blätter von den Stängeln reißt. Es gibt viele Rezepte für Grünkohlsuppe. Ich brate immer in Streifen geschnittenen Grünkohl mit feingehackten Zwiebeln in etwas Olivenöl an, dann koche ich das Gemüse fünf bis zehn Minuten in Brühe, nehme es heraus, püriere es und mische es zum Schluss wieder mit der Brühe und etwas Crème fraîche.

Rosenkohl

Rosenkohl wird auch Brüsseler Kohl oder Sprossenkohl genannt. Es gibt grüne und purpurfarbene Sorten. Man sollte ihn am besten vorkultivieren, er hat es gerne hell und kühl, kann ihn aber auch direkt aussäen. Er braucht ordentlich Platz, circa 70 Zentimeter zwischen den Pflanzen, und man sollte ihn häufeln, damit er stabil steht. Düngen Sie die Pflanzen im Spätsommer und Frühherbst leicht. Rosenkohl

LINKE SEITE: Rosenkohl, einmal grün, einmal purpurfarben

121

lässt sich nach und nach ernten – man pflückt die kleinen Köpfchen, die zuunterst am Strunk wachsen. Er kann den ganzen Winter über im Beet stehen.

Rosenkohl wird meiner Ansicht nach viel zu selten in der Küche verwendet. Man kann ihn in kleine Spalten oder feine Streifen schneiden oder die Blätter auseinanderzupfen. Man kann ihn natürlich dünsten, das ist am üblichsten, aber er wird fast noch besser, wenn man ihn langsam mit Deckel in etwas Öl brät und dann mit Zitronensaft oder gerösteten Nüssen würzt. Eine weitere Zubereitungsart: zuerst kurz kochen und ihn dann in Öl oder Butter anbraten. Sehr gut schmeckt er mit frisch geriebenem Parmesan.

WARMER KOHLRABI-BIRNEN-SALAT

1 Kohlrabi
2 reife, aber feste Birnen
1 TL Rohrohrzucker
Olivenöl
Balsamico-Essig

Kohlrabi und Birnen in zentimeterdicke Scheiben schneiden und vorsichtig in etwas Olivenöl braten. Rohrohrzucker darübergeben und die Scheiben etwas glasieren. Aus sehr wenig Öl und Balsamico-Essig eine Marinade anrühren und mit fein geschnittener Gewürztagetes würzen, falls vorhanden. Alles vermischen.

Kohlrabi

Kohlrabi wird fast immer direkt ins Beet gesät. Er ist leicht anzubauen, braucht aber wie andere Kohlpflanzen Nährstoffe und Wasser für Wohlbefinden und schnellen Wuchs. Er kann früh gesät werden, bis in den Juli hinein. Dann bekommt man im September schöne kleine Kohlrabis. Es gibt grüne und lilafarbene. Beide kann man ernten, wenn sie erst walnussgroß sind, aber normalerweise wartet man, bis sie die Größe eines kleinen Apfels haben. Sind sie größer, werden sie schnell holzig. Man isst die dicke Knolle, also den eigentlichen Strunk. Es gibt eine spezielle Kohlrabisorte, „Superschmelz", die sehr groß wird, ohne holzig zu

werden. Diesen Riesenkohlrabi sollte man vorziehen und Anfang Juni auspflanzen, dann ist er im September erntereif.

Mit Kohlrabi kann es einige Probleme geben: Die Knollen platzen manchmal, vor allem im Sommer, wenn die Bodenfeuchtigkeit schwankt. Wie anderer Kohl fühlt sich Kohlrabi in kühleren Frühlingsmonaten oder bei Herbstwetter am wohlsten. Was den Insektenbefall angeht, so sind Erdflöhe die größte Gefahr. Wenn man Pech hat, fressen sie die kleinen Pflänzchen ganz auf.

Wenn er nicht mehr ganz jung ist, muss man Kohlrabi schälen. Kochen Sie ihn im Ganzen oder in Scheiben. Sie können leicht gekochte Scheiben mit Pilzen in Rahm und Käse gratinieren. Mir aber schmeckt er roh am allerbesten.

RECHTE SEITE: Man kann sich gut in seinen Küchengarten legen und die Farben und Formen ganz aus der Nähe genießen. Hier purpurfarbener Kohlrabi „Purple Vienna".

WURZELN UND KNOLLEN

Wie sollten wir ohne Wurzelgemüse und Knollen auskommen? Sie sind es, die uns satt machen. Wurzeln und Knollen sind Alltags- und Feinschmeckergemüse, und für mich ist das Kartoffelfeld das allerwichtigste im ganzen Garten.

Kartoffeln

Kartoffeln fühlen sich in lockerem, leichtem Sandboden am wohlsten, aber sie wachsen auf den meisten Böden gut. Die Erde sollte weder frisch gedüngt noch frisch gekalkt werden, sonst könnten die Kartoffeln Schorf bekommen. Es gibt Experten, die behaupten, dass Kartoffelerde einen pH-Wert von 6 haben muss. Andere sagen, sie haben schon leckere Kartoffeln aus Erde mit niedrigerem oder auch höherem Säuregehalt gegessen. Ich selbst finde, dass Kartoffeln aus kalkreichem Boden sehr gut schmecken, während Kartoffeln, die in Torf gewachsen sind, nicht so lecker sind. Eine Sache ist jedoch sicher: Kartoffeln schmecken sehr unterschiedlich – je nachdem, wo sie wachsen.

Es ist wichtig, Kartoffeln nicht jedes Jahr an derselben Stelle anzubauen – dann können sie von Fadenwürmern und von Kraut- und Knollenfäule befallen werden.

Für frühe Ernte kann man Saatkartoffeln zu Hause im Fenster treiben lassen. Drei bis vier Wochen sollten sie vor dem Setzen liegen. Es sollte so hell wie möglich sein, damit die Keime kurz und kräftig bleiben und nicht vergeilen. Wenn man möchte, kann man zum Schluss etwas Anzuchterde auf den Boden der

Die Kartoffel „Blauer Schwede" hat eine reizvolle Farbe, die beim Kochen etwas blasser wird, aber blauviolett bleibt. Hübsch als Püree oder als Scheiben im Salat – vor allem im Spätsommer, wenn man die Blütenblätter von Ringelblumen darüberstreuen kann.

Kiste geben, damit die Knollen Wurzeln bilden. Man sollte verlässliches Pflanzgut verwenden, um das Krankheitsrisiko zu minimieren. Man kann Saatkartoffeln auch teilen. Achten Sie nur darauf, dass es an jedem Teil Augen gibt, damit Keime herauswachsen können. Lassen Sie die Schnittfläche trocknen, bevor die Saatkartoffeln gepflanzt werden.

Zwischen den Pflanzen sollte 20 bis 25 Zentimeter und zwischen den Reihen 60 bis 70 Zentimeter Abstand bestehen. Wenn man frühe Kartoffeln ernten möchte, sollte man sie nicht tief setzen, nur circa fünf Zentimeter. Ich setze meine Kartoffeln Ende April. Man sollte den Termin so abpassen, dass alle Frostnächte vorbei sind, wenn die ersten Triebe der Kartoffel aus der Erde schauen. Wenn noch eine kalte Nacht kommt, kann man die Pflänzchen mit Gartenvlies schützen oder einfach Zeitungen oder einen leichten Flickenteppich darüberlegen. Ein Trost ist, dass erfrorene Kartoffeln fast immer wieder austreiben.

KARTOFFELN MIT TOMATEN

Festkochende Kartoffeln kochen, abkühlen lassen und in Scheiben schneiden. Tomaten überbrühen, häuten und in Stücke schneiden, am besten Pflaumentomaten, die nicht so viele Kerne haben. Reichlich Olivenöl in eine Pfanne geben, zwei oder drei in dünne Scheiben geschnittene Knoblauchzehen leicht anbraten, Tomaten zufügen und fünf bis sechs Minuten einkochen lassen. Dann die Kartoffeln und fein gehacktes frisches Basilikum untermischen. Salzen und pfeffern.

Wenn das Kraut 15 bis 20 Zentimeter hoch ist, häufelt man Erde an, damit die Knollen kein Sonnenlicht abbekommen, sonst werden sie grün und ungenießbar. Häufeln Sie nicht mehr Erde an als nötig, es ist besser, mehrmals zu häufeln, weil es unter einer dicken Erdschicht schnell zu kalt wird.

Wenn man meint, dass die Kartoffeln geerntet werden können, kann man mit der Hand die Knollen vorsichtig abtasten. Wenn man umsichtig vorgeht, kann man ein paar abpflücken und den Rest weiterwachsen lassen. Achten Sie darauf, alles wieder gut zu bedecken. Früher hat man gesagt, dass die neuen Kartoffeln fertig sind, wenn die Pflanze zu blühen beginnt, aber das stimmt nicht immer; manche Kartoffelsorten blühen spät und manche überhaupt nicht.

Man kann Kartoffeln auch auf dem Balkon anbauen. Verwenden Sie Saatkartoffeln, die Sie zuerst im Haus vorkeimen. Sie sollten geschützt an einem hellen Ort liegen. Wenn die Triebe ein paar Zentimeter lang sind, kann man sie einpflanzen, am besten in große schwarze Plastiktöpfe, aber Plastikeimer mit Löchern eignen sich auch gut. Schütten Sie zuerst eine zehn Zentimeter dicke Schicht kompostierten Kuhmist in den Eimer, danach ebenso viel Pflanzerde. Eine Saatkartoffel darauflegen und wieder eine zehn Zentimeter dicke Erd-

RECHTE SEITE: Wurzelgemüse in verschiedenen Farben. Diese reiche Ernte kann zu vielen köstlichen Gerichten werden, zum Beispiel Rote-Bete-Kraut „Ripassata" auf italienische Art: erst blanchiert, dann mit Chili und Knoblauch in Olivenöl angebraten.

schicht darüberstreuen. Gießen und warten. Die Töpfe sollten draußen stehen, können aber nachts hereingeholt werden. Wenn die Triebe aus der Erde schauen, füllt man weiter Erde auf, und so verfährt man, bis der Topf voll ist. Zum Schluss sollte man eine Portion ernten können, die für drei Personen reicht.

Späte Kartoffeln können gleichzeitig mit Frühsorten gepflanzt werden. Ernten Sie bei trockenem Wetter, nachdem das Kraut verwelkt ist. Lassen Sie die Kartoffeln im Dunkeln trocknen, bevor sie für den Winter gelagert werden.

Wenn die Blätter schwarze Flecken bekommen, sollte man das Kraut sofort abschneiden. Dann ist die Kartoffel von der ansteckenden Kraut- und Knollenfäule befallen worden. Werfen Sie das Kraut nicht auf den Kompost, sondern in den Hausmüll!

Es gibt unglaublich viele Kartoffelsorten. Wenn man eine späte Kartoffel auswählt, ist es sehr wichtig, eine Sorte zu nehmen, die eine hohe Widerstandskraft gegen Krankheiten hat.

Rote Bete

Rote Bete, Weiße Bete, Gelbe Bete und Ringel-Bete. Die Rote Bete, sowohl in ihrer roten als auch in ihrer weißen Form, wurde bereits im 17. Jahrhundert in der „Flora Danica" beschrieben. Dort steht, dass die Rote Bete am besten mit Pfeffer und Wein gekocht und mit Meerrettich und Kümmel gewürzt wird. Dieser Rat gilt noch heute; die süße Bete braucht

Das größte Glück – in den Garten zu gehen und seine eigenen Kartoffeln auszugraben!

Rote Bete „Tonda di Chioggia"

kräftige Begleiter wie Senf, Essig, Meerrettich und Kümmel.

Man muss den Boden gut vorbereiten, bevor man Rote Bete aussät. Er sollte feucht, aber nicht nass sein, und die Erde sauerstoffreich, das heißt nicht zu kompakt, sondern schön locker. Rote Bete bevorzugt nährstoffreiche, aber keine frisch gedüngte Erde mit einem hohen Gehalt an Kalium.

Ich habe mich gefragt, warum meine Rote Bete Schorf bekommt. Irgendwo lese ich, dass es an zu viel Holzasche in Kombination mit einem zu niedrigen pH-Wert liegen kann, also dass die Erde zu sauer ist. Manchmal reicht es, die Hinweise auf dem Samentütchen zu lesen und dann die Samen einzupflanzen. Aber wenn die Pflanzen Jahr um Jahr schlecht gedeihen oder man nur wenig Ertrag hat, lohnt es sich, für optimale Anbaubedingungen zu sorgen und mögliche Fehler auszumerzen.

Rote Bete ist im Grunde eine Strandpflanze und fühlt sich deshalb in Böden wohl, die mit Seetang oder Algenpräparaten gedüngt sind. Rote Bete steht auch gern frei. Ich werde nun ausprobieren, meine Rote Bete an einer ganz neuen Stelle im Garten auszusäen und sie mit Algenkalk zu düngen.

Wie bei vielem anderen Gemüse ist es ratsam, Rote Bete in mehreren Sätzen auszusäen, beispielweise Mitte April, Mitte Mai und Mitte Juni. Dünnen Sie rechtzeitig aus, aber lassen Sie sie relativ eng stehen, dann bleiben die Knollen klein und zart. Vorsicht beim Unkrautjäten – die Beten können durch scharfe Hacken leicht Schaden nehmen.

Die erste Rote Bete kann man ernten, wenn sie die Größe eines Golfballs hat. Waschen Sie sie vorsichtig, lassen Sie die Wurzelspitze ganz und ein paar Zentimeter Kraut an der Knolle. Kochen, rasch unter kaltem Wasser schälen und mit Butter und Salz oder mit Joghurt und Feta essen. Kapern passen gut zu Roter Bete, genauso wie ein Dressing mit Dijonsenf. Das Kraut kann wie Mangold oder Spinat zubereitet werden: waschen, kurz in Salzwasser kochen, ausdrücken und in etwas Butter oder Olivenöl anbraten. Rote Bete, vor allem länger gelagerte, schmeckt am besten, wenn sie gesalzen im Ofen gegart wird.

Möhren

Säen Sie Möhrensamen früh in tiefe, lockere Erde. Sandboden eignet sich gut für den Anbau von Möhren, solange er nährstoffreich ist. Düngen Sie im Herbst, Karotten vertragen frisch gedüngte Erde nicht gut – sie schmecken dann oft schlechter und/oder verzweigen sich. Setzen Sie auf eine frühe Ernte. Dann kann man die Karotten ziehen, bevor die zweite Generation Karottenfliegen geschlüpft ist.

Es gibt viele Ratschläge, wie man sich vor Insektenangriffen schützen kann. Am besten sind offene Anbauflächen, damit der Wind die Fliegen fortweht. Man sollte Möhren jedes Jahr an einem anderen Platz anbauen und die Löcher gut verschließen, wenn man eine Karotte herausgezogen hat, damit der verführerische Karottenduft keine Fliegen anlockt. Man kann auch unter Netzen anbauen, aber dann wird das Kraut sehr hoch. Dünnen Sie die Karotten zweimal aus. So erhalten Sie kleine „Ausschusskarotten", die als besondere Delikatesse gelten. Häufeln Sie die Karotten mit Erde an, um grüne Köpfe zu vermeiden. Viele der neueren Sorten werden zwar in der Sonne nicht grün, aber das Häufeln schützt auch vor Insekten und Unkraut.

Sommermöhren sollten direkt nach der Ernte gewaschen werden, sonst bekommt man sie oft nur schwer sauber. Kleine, zarte Karotten braucht man vor dem Kochen nicht schälen. Sind sie etwas größer, kann man die dünne Schale vorsichtig abschaben. Winterkarotten sollten bei der Ernte natürlich nicht gewaschen werden. Sie müssen vor der Lagerung relativ trocken sein, sonst faulen sie.

Wenn ich Karotten koche, mag ich sie am liebsten, wenn sie noch bissfest sind. Man kann

KAROTTEN MIT SCHWARZEM SESAM

Ein paar Möhren grob reiben und in eine Schüssel geben. Etwas Öl in eine Pfanne geben und circa einen Esslöffel schwarze Sesamsamen zufügen. Wenn sie zu springen beginnen, Öl und Sesam über die Möhren gießen. Den Salat mit Zitronensaft und Salz würzen.

KAROTTEN MIT KÖRNERN

Möhren in ziemlich große Stücke schneiden und kochen, bis sie gerade eben weich sind. Mit richtig gutem Olivenöl, Salzflocken und Zitrone vermischen. Das schmeckt auch so schon gut, aber man kann den Genuss noch vergrößern: Sonnenblumen- und/oder Kürbiskerne anrösten und darüberstreuen. Oder ganzen Kreuzkümmel und ganze Koriandersamen rösten, die Gewürze grob mahlen und darüberstreuen. Dass etwas so Einfaches so lecker sein kann!

die gekochten Karotten auch in etwas Olivenöl anbraten und mit Salz, Zitrone, Kreuzkümmel und Koriander würzen.

Pastinaken

Pastinaken sind wirklich einfach anzubauen. Sie werden selten von der Möhrenfliege befallen und wachsen willig in jeder Art von Erde, obwohl sie natürlich in nährstoffreichem Boden viel größer werden. Säen Sie sie früh aus. Pastinaken können gut in der Erde überwintern. Dem Geschmack tut Frost sogar gut. Aber wenn sie einen Winter lang im Beet gestanden sind, müssen sie geerntet werden, denn sie blühen im zweiten Standjahr. Es ist wichtig, nach der Aussaat ordentlich auszudünnen. Tun Sie das zweimal, um beim zweiten Mal die kleinen, ausgemusterten Pastinaken essen zu können. Pastinakensamen haben eine kurze Haltbarkeit. Sie verlieren bereits nach einem Jahr an Keimfähigkeit. Verwenden Sie daher immer frisches Saatgut.

Petersilienwurzeln

Petersilienwurzel wird langsam wieder beliebter. Bis in die 1950er-Jahre wurde sie in fast jeder Gärtnerei angebaut. Die Wurzel eignet sich sehr gut für Suppen und Eintöpfe. In Polen und Russland ist Petersilienwurzel eine der Zutaten für die Rote-Bete-Suppe Borschtsch. In Ungarn wird sie für Gulasch verwendet. Dort kann man ganze Lastwagenladungen voller Petersilienwurzeln sehen. Das Praktische an ihnen ist, dass man sowohl die Blätter als auch die Wurzeln verwenden kann. Die Blätter sind etwas gröber als die von normaler Petersilie,

Pastinaken und Petersilienwurzeln ähneln einander in der Wurzel, haben aber völlig verschiedenes Kraut. Und sie schmecken ganz unterschiedlich! Beide zählen zu meinen Favoriten im Gemüsebeet.

eignen sich ebenso zum Würzen. Pflücken Sie aber nicht zu viel, sonst kann die Pflanze die Wurzel nicht richtig entwickeln.

Säen Sie sie früh direkt ins Beet. Petersilienwurzel braucht, genau wie Petersilie, viel Zeit zum Keimen. Man kann die Samen vor der Aussaat ein bis zwei Tage in lauwarmem Wasser einweichen. Petersilienwurzeln bevorzugen dieselbe Erde wie Möhren: tief umgegraben und im Herbst gedüngt. Dünnen Sie die Pflanzen so aus, dass der Abstand zehn bis zwölf Zentimeter beträgt. Im Spätsommer ein paar Mal mit gedüngtem Wasser gießen. Petersilienwurzel wird oft von der Karottenfliege angegriffen.

PASTINAKEN MIT SALBEI

½ kg Pastinaken
20 frische Salbeiblätter
3 EL Olivenöl oder kaltgepresstes Rapsöl
Salz

Die geputzten Pastinaken der Länge nach in Spalten schneiden. Salbei in Streifen schneiden. Die Salbeimenge mag großzügig wirken, aber Salbei schmeckt ganz anders und viel milder, wenn er gebraten wird. Alles mit Öl und etwas Salz in eine Pfanne oder eine ofenfeste Form geben und umrühren. Bei 225° Celsius für 25 bis 35 Minuten in den Ofen stellen. Die Form hier und da etwas rütteln. Die Pastinaken sollen weich und gebräunt werden. Ein Traum!

Knollensellerie

Rettich

Rettich wird im Sommer direkt ins Beet gesät und im Herbst geerntet. Er braucht sechs bis acht Wochen. Es gibt runde, längliche, schwarze und rote Rettiche. Eine rote Sorte trägt den entzückenden Namen „China Rose". Rettiche dieser Sorte sind haltbar und können den ganzen Winter über gelagert werden, da die Schale sehr dick ist. In dünne Scheiben geschnittener Rettich schmeckt gut auf Butterbrot, pur, mit etwas Salz oder mit Käse.

Daikon

Daikon ist ein dünnschaliger Rettich mit zarten, langen Wurzeln. In Asien wird er bereits seit vielen Tausend Jahren angebaut. Am besten gedeiht er in weicher, tiefer Erde und ist natürlich zur Aussaat im Frühbeet geeignet. Er kann spitz oder stumpf, rot oder weiß sein. Sein Geschmack ist mild und erinnert sehr an Radieschen.

Wenn man sicher sein will, dass die Pflanzen nicht zu blühen beginnen, sollte man sie im Juli aussäen. Sät man zu früh und ist die Erde kalt, hat die Pflanze fälschlicherweise den Eindruck, es wäre schon Winter gewesen und die Zeit zur Fortpflanzung gekommen. Sowohl Rettich als auch Daikon sind haltbar und können über den Winter eingelagert werden.

Daikon kann roh, im Wok gebraten oder gekocht gegessen werden. Sehr dünn geschnitten schmeckt er am besten. Wenn man ihn im Salat essen möchte, kann man ihn für eine Weile in einer Schüssel mit eiskaltem Wasser in den Kühlschrank stellen. Dann wird er besonders zart.

Schwarzwurzeln

Wenn man Schwarzwurzeln anbaut, muss die Erde sehr locker und durchlässig sein, damit man lange, schlanke Wurzeln ernten kann. Die Erde sollte viel Kompost und Dünger enthalten. Es kann empfehlenswert sein, ein eigenes Hochbeet für Schwarzwurzelanbau einzurichten. Säen Sie die Samen früh aus, sobald die Erde getrocknet ist. Die Wurzeln sollten am besten nicht vor dem ersten Frost geerntet werden. Man kann das Beet für eine spätere Ernte mit Stroh bedecken oder bis zum nächsten Frühling warten. Die Wurzeln sind wirklich eine Delikatesse. Legen Sie die geschälten Schwarzwurzeln in Zitronenwasser, sonst werden sie schnell dunkel. Man kann sie kochen, frittieren, gratinieren …

Knollensellerie

Knollensellerie muss vorkultiviert und früh gesät werden, schon im Februar oder Anfang März. Einfacher ist es, vorgezogene Pflanzen zu kaufen. Pflanzen Sie sie spät aus, wenn die Erde warm ist, ansonsten kann der Sellerie schießen, das heißt er blüht dann vorzeitig.

Knollensellerie stellt hohe Anforderungen an den Boden. Dieser muss nährstoffreich sein und einen hohen pH-Wert haben. Bereiten Sie die Erde im Herbst vor, indem Sie Stallmist untermischen und im Frühling etwas Algenkalk zufügen. Geben Sie der Pflanze darüber hinaus im Spätsommer und Herbst zusätzliche Nährstoffe. Knollensellerie gehört zu den pflegeintensiveren Gemüsen. Mir selbst ist es nie gelungen, mehr als kleine, missglückte Knollen zu bekommen. Aber ich weiß jetzt,

dass ich einen beliebten Fehler vieler Hobby-
gärtner gemacht habe: Ich habe zu wenig gedüngt.

Wem es gelingt, Knollensellerie zu kultivieren, der kann sich freuen, denn es ist ein Gemüse mit besonders gutem Geschmack. Man
kann gedünsteten Knollensellerie mit Pilz-
rahmsoße und Käse gratinieren oder ein leckeres Püree aus Sellerie und Kartoffeln zubereiten. In Streifen geschnittener Knollensellerie,
der 30 Sekunden blanchiert und dann mit kaltem Wasser abgeschreckt wurde, kann mit Ma-
jonäse vermischt werden. Das nennt man „Sel-
lerie-Remoulade“. Wenn man darüber hinaus
Schlagsahne, gehackte Walnüsse und gewür-
felten Apfel untermischt, wird das Ganze ein
Waldorfsalat. Knollensellerie ist auch eine sehr
wichtige Zutat für Gemüsebrühe.

Steckrüben

Steckrüben sind einfach anzubauen, sie brauchen nicht sonderlich viele Nährstoffe. Säen
Sie sie im April/Mai ins Beet und dünnen Sie
die Pflanzen allmählich aus, sodass ein Abstand
von 20 bis 25 Zentimetern zwischen den Pflanzen und 50 Zentimetern zwischen den Reihen
entsteht. Halten Sie die Erde feucht, das min-
dert den Befall mit Kohlfliegen und Erdflöhen.
Bei der Ernte sollte man das Kraut abhacken,
aber die Wurzelspitze bewahren.

Die Steckrübe wird auch Schwedenrübe genannt, weil sie im 17. Jahrhundert aus Skandi-
navien nach Deutschland kam. Sie ist ein un-
prätentiöses und einfaches Gemüse, das gut
zusammen mit anderem Wurzelgemüse in etwas Olivenöl im Ofen gebacken oder – einfach

TOPINAMBUR AUS DEM OFEN

Die Topinambur sauber schrubben, in
etwas Olivenöl wenden und mit Meersalz
bestreuen. Bei 200° Celsius 25 bis 30
Minuten im Ofen backen.

WURZELGEMÜSE AUS DEM OFEN

Dies ist eines meiner Lieblingsrezepte:
Wurzelgemüse statt Kartoffeln. Man
kann eine Mischung aus Knollensellerie,
Pastinaken, Karotten, Petersilienwurzeln
und Steckrüben verwenden oder eine
Gemüsesorte auswählen. Gerade Steckrüben schmecken aus dem Ofen sehr lecker.
Außer Wurzelgemüse gebe ich meist noch
ein paar rote Zwiebeln dazu.

Das Gemüse schälen und in relativ große
Stücke schneiden. Auf ein Blech legen,
etwas Olivenöl oder kaltgepresstes Rapsöl
darübergießen, salzen, vermischen und
das Blech bei 250° Celsius für 20 bis 25
Minuten in den Ofen stellen. Geben Sie
einen Schuss Balsamico-Essig und etwas
geriebene Zitronenschale darüber. Manchmal gieße ich auch nur noch ein bisschen
bestes Olivenöl darüber.

in Streifen geschnitten – in etwas Öl angebraten und mit Sojasoße gewürzt werden kann.

Topinambur

Pflanzen Sie eine Fuhre Topinambur! Sie blüht
herrlich und dient als Windschutz, im Herbst
werden die oberirdischen Pflanzenteile zu wun-
derbarem Kompost. Blühende Topinambur-

Herbstliche Ernte. Schwarzwurzeln und Topinambur sind die heimlichen Lieblinge vieler Köche.

sorten waren früher selten, verbreiten sich jetzt aber schnell von Gärtner zu Gärtner. Man bekommt sie an Marktständen und über Gartenbauvereine.

Topinambur ist mehrjährig und frosthart, kann also den Winter über im Boden bleiben. Um den Anbau unter Kontrolle zu halten und so große Knollen wie möglich zu bekommen, sollte man im Herbst oder Frühling trotzdem versuchen, alle Knollen aus der Erde zu holen und den Standort für die nächste Saison zu wechseln. Pflanzen Sie sie im Frühling, am besten in leichter Erde, dann werden die Knollen glatter als in schwerer Tonerde. Man vergräbt einfach ganze oder geteilte Knollen aus der letztjährigen Ernte. Topinambur wächst in jeder Erde fast von alleine, man muss sie weder ausdünnen noch gießen und sie setzt sich gut gegen Unkraut durch. Lassen Sie aber keine Knollen in der Erde, sonst kann die Pflanze selbst zum Unkraut werden, da sie stark wuchert. Ernten Sie Topinambur nach dem ersten Frost, wenn Stängel und Blätter abgefroren sind.

HERBST IM KÜCHENGARTEN

Die letzten blauen Eisenhüte leuchten in den Blumenrabatten, der Knoblauch wurde vor einem Monat gesetzt und ich habe mich an einer Herbstaussaat von Spinat und Dill versucht. Die krause Petersilie grünt weiterhin und der Lauch wird noch für mehrere Suppen reichen. Es ist schön, dass die Anbauzeit vorbei ist. Ich stelle die Grabegabel in die Werkstatt und gehe ins Haus, um vor dem Kachelofen einen heißen Tee zu trinken. Zufrieden denke ich daran, wie fleißig ich war und wie gut im nächsten Jahr alles wachsen wird.

Herbstputz im Beet

Es ist am besten, die Beete im Herbst umzugraben und zu säubern, um so viele Wurzelunkräuter wie möglich, zum Beispiel Quecke, Nesseln und Disteln, aus der Erde zu klauben. Mischen Sie Kompost unter und bedecken Sie die Erde mit einer Mulchschicht aus Herbstlaub. Die Würmer ziehen es in die Erde hinunter, wo es zu gutem Humus wird.

Wenn man einen zu niedrigen pH-Wert im Boden hat, muss man ihn kalken. Das geschieht am besten im Winter oder Vorfrühling, auch wenn noch Schnee liegt, dann sickert der Kalk bei der Schneeschmelze in den Boden. Man sollte nicht gleichzeitig kalken und düngen, weil dann der Stickstoff teilweise verloren geht. Es gibt Algenkalk, Algomin, der auch Kalzium als auch andere wichtige Nährstoffe enthält. Wenn man ihn jedes Jahr zusetzt, sollte das ausreichen, um den pH-Wert konstant zu halten.

Seetang

Tang enthält Kalium, Stickstoff und Phosphor. Er wird schon seit jeher verwendet, um magere Sandböden an den Küsten zu verbessern. Am besten wirkt er in kompostierter Form, man kann ihn aber auch direkt auf seinen Spargel legen. Ganz frischer Seetang aus der Nordsee enthält für manche Pflanzen zu viel Salz. Lassen Sie ihn eine Weile liegen und von Wind und Wetter auswaschen, dann verringert sich der Salzgehalt.

Gründüngung

Man soll die Erde nie nackt lassen – das ist eine alte Gärtnerweisheit. Wenn die Ernte abgeschlossen ist, ist meistens noch Zeit für eine Saat. Dann kann man Samen irgendeiner Gründüngungspflanze aussäen, die der Erde Stickstoff zuführt. Das können Erbsen, Bohnen, Luzernen oder jede andere Hülsenfrucht sein. Es gibt auch noch andere gute Gründüngungspflanzen. Bienenfreund bildet viel grüne Masse, die man im Spätherbst vergräbt. Lolch ist eine Gräserart, die den Winter überlebt. Wenn man viel Platz hat, kann man einem Teil seines Bodens auch ein Jahr Brache gönnen. Dann kann man den Lolch weiterwachsen las-

sen oder blauen Wegerich-Natternkopf oder rosa Inkarnat-Klee aussäen. Beides sind hübsche Pflanzen, die Bienen anlocken und dem Boden gute Nährstoffe zuführen.

Erdmieten

Wurzelgemüse und Kartoffeln kann man in Erdmieten einlagern. Dazu gräbt man zuerst eine 20 bis 40 Zentimeter tiefe Grube, legt das hinein, was verwahrt werden soll, bedeckt es mit trockenem Stroh und dann mit Erde. Das geschieht im Oktober oder November. Wenn man Kartoffeln lagert, muss man anfangs zur Belüftung oben in der Miete ein Loch lassen. Schließen Sie das Loch erst so spät wie möglich.

Warten auf die Winterruhe

Noch ist die Gartensaison nicht ganz vorbei. Jeden Morgen gehe ich hinaus, um krause Petersilie für die Frühstücksbrote zu holen. Ich wünschte, ich hätte Wintersalat und winterharte Frühlingszwiebeln ausgesät, aber es gibt ständig neue Dinge, von denen man träumen kann.

Vielleicht sollte ich im Frühling doch ein warmes Mistbeet anlegen? Im Frühbeet sollte ich bald die Erde aus den Kästen entfernen, damit Platz für frischen Pferdemist ist, der verrotten und Wärme spenden soll.

Schon in drei Monaten ist es wieder Zeit, Stangensellerie und Artischocken vorzuziehen. Wer weiß, welche Abenteuer im nächsten Jahr auf mich warten? Aber erst einmal wartet die Winterruhe.

Bienenfreund

Danksagung

Anbaunetzwerk Seved in Malmö • Schlossgarten in Malmö • Louise Nergaard Aaen • Bettina Kyö
Sara Nelson von Planet Blå • Anette Nilsson von Boäng • Staffan und Mia Silvegren
Lorraine Dong Lu von Kåsebergaodlingen • Helen Larsson • Vivian Kruse • Eiras Gröna in Ingelstorp
Sofiero in Helsingborg • Philippe Hässlekvist von Fredriksdal.

REGISTER

REZEPTE